불멸의 건축

不滅

김개천 교수의 명건축 산책 02

불멸의 건축
세계의 위대한 명건축 24선

2012년 1월 30일 초판 발행 • 2025년 12월 16일 개정판 발행 • **지은이** 김개천 • **사진** 김기석, 김준영, 임학현, 현관욱
펴낸이 안미르, 안마노, 오진경 • **편집장** 구민정 • **편집** 문벼리 • **디자인** 김병조, 홍선우 • **마케팅** 김채린 • **매니저** 박미영
제작 금강인쇄 • **글꼴** SM중명조 Std, 나눔명조, Bembo Std

안그라픽스
주소 10881 경기도 파주시 회동길 125-15 • **전화** 031.955.7755 • **팩스** 031.955.7744
이메일 agbook@ag.co.kr • **웹사이트** www.agbook.co.kr • **등록번호** 제2-236 (1975.7.7)

ISBN 979.11.6823.118.4 (03600)

不滅

불멸의 건축

세계의 위대한 명건축 24선

김개천 지음

개정판

안그라픽스

▽

위대한 아름다움은 신과 인간의 이야기인 문학, 사학, 철학과
위대한 예술이 합치되어 비로소 신화가 된다.
이 책은 예술적이고 철학적이며 문학적인 글로
읽기보다는 천천히 음미하고, 이해하기보다는 감상하는 방법으로
이제는 신화가 된 아름다움의 세계로 초대받기를 권한다.

▽

2012년 처음 『미의 신화』를 출간하고 그로부터 10여 년이 지났다. 지금껏
굳건히 땅을 딛고 있는 건축들을 바라보자니 인간의 생은 얼마나 짧은지
재출간이라고 소회를 밝히기가 무색하다.

       『미의 신화』는 『불멸의 건축』으로 제목을 다시 달게 되었다. 건축을
통해 고대로부터 시간의 간극을 넘어 지금까지 우리에게 공유되는 것은
무엇인가에 좀 더 생각의 무게를 두었다. 우리에게 남겨진 위대한 건축에서
발견한 공통점은 땅을 디디고 있음에도 초월에 대한 현 장면을 펼쳤다는
것이다. 고대인들이 공유하던 영원성의 가치나 중세인들의 '신'은 그들의
보편성이었으며 건축물 자체로 읽을 수 있는 세계였다. 시대의 조건과 사상이
변함에 따라 외관은 많은 변모를 거친다. 그러나 그들이 이룩한 '미'는 쇠락하지
않는 불멸로 남았다. 미를 가지고 흐르는 시간은 서사로 흐르는 것이 아닌
영원과 불멸에 대한 현시화를 이룰 뿐이다. 불멸의 미는 따라서 시간적 거리를
주지 않는다.

       시간을 넘어선 건축에 찬사를 보내는 일은 결코 과도한 일이 아니다.
글을 쓰다 이어지는 감동과 찬사는 그 '미'를 내 것으로 만드는 과정이다.
이렇게 예술이 내재화되는 과정은 나의 힘과 의지로 되는 일이 아닌 미가

나에게 부여하는, 주어지는 것이다. 우리가 경이로운 자연을 보고 감화되는 것처럼 위대한 미적 광경은 압도적인 미를 부여하고 자의와 상관없이 그저 받게 되는 것이다. 신이라면 그것을 축복이라 하고 우리는 선물이라 한다. 아름다움의 본질은 그 자체로 자기에게 눈을 여는 자에게 감동이라는 체험을 주는 경이로운 것이다. 이러한 불멸의 건축이 주는 감동은 결국 예술로 승화된 사물과, 규모와 공간성이 내게 스며들어 '자기화'에 이르게 되는 과정을 거치게 된다. 위대한 건축 24선은 건축적 설명으로 서두를 열긴 하지만 정작 건축가인 내게 보인 장면들은 언어가 아닌 일종의 탄식 같은 감동으로 여전히 그저 곳곳에서 터져 나올 뿐이다.

이번의 재출간은 단순히 다시 발간하는 작업이 아니다. '미'에 대한 생각도 건축의 언어가 좀 더 새로운 리듬을 타고 새로운 독자에게 공간을 바라보는 또 다른 눈과 마음을 열어주는 계기가 되기를 바랄 뿐이다.

2025년 11월
북한산 자락에서
김 개 천

7

우리 전통의 미적 세계를 탐구해보려고 했던 『명묵의 건축』을 쓰고 난 후,
자신의 것을 바탕으로 세계를 바라볼 때 전체적이면서도 미세한 배후의 시선을
갖게 될 수 있을 거라는 생각이 들었다. 때마침 아시아나 항공의 기내지인
《아시아나 저널》에 1년 3개월에 걸쳐 세계의 위대한 건축에 대한 연재를
하게 되었다. 그리고 그것을 바탕으로 인류가 만든 최고의 건축 24선을 선정,
3년여에 걸친 증보의 과정을 통해 『미의 신화』를 출간하게 되었다.

    물론 건축만으로 인간이 이룩한 위대한 미의 세계를 다 이해할 수는
없지만 피라미드나 파르테논, 성 소피아 대성당, 자금성, 앙코르와트, 종묘 정전
그리고 타지마할 등 우주를 배경으로 자신을 고요하고 도도하게 드러내는 그
우아하고도 광대한 아름다움의 건축을 빼놓고 미와 예술에 관해 얘기할 수
있을까 생각해본다. 이런 이유로 'The Grand Beauty'라는 부제와 함께 '신화가
된 아름다움'에 관한 이야기를 뜻하는 『미의 신화』라는 제목을 달게 되었다.
서양에 대한 부족한 식견과 미적 안목, 그것도 동양인이 서양의 미적 세계와
건축의 핵심을 이해하고 해석할 수 있을까 심히 염려되었다. 하지만 동양인의
관점에서 서양과 동양을 동시에 바라보는 것도 그들이 미처 보지 못한 것을 볼

피라미드
삼각형의 단순하고 거대한 형태는 하늘로 향한 신전의 탑이자 빛 그 자체이다. 나일강 저편의 완전한 빛은 스핑크스에 의해 그 위엄이 배가 된다.

수 있을 거라는 생각에 용기를 내게 되었다.

철학적이면서 예술가적인 자세의 기본은 의지하는 대상을 갖지 않는 것이다. 더불어 자신만의 가슴과 눈으로 느끼는 깊고도 예리한 미적 시선을 필요로 한다. 위대한 철학자들 거의 모두 말년에 이르러서 미학적 사고를 하였다. 중세의 철학자 에크하르트(Eckhart)는 신(神)을 감동조차 없는 무(無)로 생각하여 "신의 근저는 아무것도 없는 쓸쓸하고, 광막한 광야와 같다"고 말한 바 있다. 이처럼 미학적 사고는 모든 것을 비추고 모든 것을 볼 수 있는 확장된 힘을 갖게 할 뿐 아니라 자유롭게 자신만의 것을 끌어낼 수 있게 한다. 이는 쓸쓸하나 자유롭고 화려한 시선으로 자신을 시들지 않게 하고, 자신과 시대와 일상에 밀착되어 있으면서 열정적이고 초연한 자세로 나아가게 한다.

건축은 그렇게 우리 자신을 비평하기에 좋은 미적 소재이다. 건축은 그 스스로가 이미 숭고하다. 어떤 예술이 건축처럼 일상의 삶 속에서 쓰이는가. 건축은 자신의 목적에 충실하면서도 스스로를 예술이라 하지 않고 온갖 배설물들을 쏟아낸다. 우리가 의식하든 의식하지 않든 공간 속에 존재하게 하며 인간 존재의 경험과 직접적으로 반응하며 괴리되지 않는다.

　　우리는 그것에 또 다른 예술적 환상만 더하면 될 뿐이다. 건축은 이를 통해 새로운 현실을 만들 수 있게 한다. 건축은 인간의 경험과 본질을 끊임없이 바꾸고 지평을 확장시켜 삶을 증진시키고, 예민하게 바꿔놓는다. 그러면서도 자신을 익명으로 남겨두는 숭고함으로 적막한 광야에 존재하는 것이다.

　　이 책에서 선정한 스물네 개의 위대한 건축들은 인류가 만든 '예술적 표현의 기적'이라고 부를 수 있는 것들이다. 이는 인간에게서 나왔다기보다는 신에게서 뿜어져 나온 것으로, 이 시대의 눈으로 보는 해석을 통해 동서양을 아우르는 창의적인 힘의 원천으로 삼을 수 있지 않을까 싶다.

　　『미의 신화』는 과거를 이해하고 알기 위한 것은 아니다. 디지털화 된 신인류에게 요구되는 창의(創意)는 역사에 나오는 것보다는 한 번도 경험해 보지 못한 이 시대의 현실이 처한 상황을 꿰뚫어 보고, 그 속에서 새로운 가능성을 발굴하고 창조할 수 있는 것이어야 한다. 책에서 과거의 건축에 대한 자질구레한 설명과 건축 용어 등의 이해는 생략하였다. 일례로 누가 언제 설계하였는지 기록했지만 그것들이 때로는 중요하지 않다고 생각했다. 이 시점의 미적 시선으로 문제의 핵심과 본질만을 바라보고자 하였다.

파르테논 신전
고귀한 기품과 회의적인 절제가 흐르는
파르테논은 자연의 정신을 드러내는 질서와
비례라는 형태만으로 고요한 영혼을 가진
생명처럼 느껴진다.

성 소피아 대성당
신은 유일성을 가지며 무한히 완전한 존재를
통해 비추는 자인 것처럼 소피아는 자신의
중심으로부터 신의 빛을 낸다.

자금성
자금성은 마치 화려한 자연이 그러하듯 조화 속에
넘쳐흐르는 생명력을 가지고 투명한 듯 화려한
황색의 색채를 빛으로 사라지게 한다.

왜 그 시대에 그러한 건축을 지었는지 그리고 현재와 미래에 어떤
의미를 가질 수 있는지에 관심을 가졌다. 얼추 시대순으로 배열했지만 순서에
상관없이, 부분적으로 또는 사진만 보아도 무방하다. 읽고 분석하기보다는
건축과 대화를 하는 편이 나을 것이다. 시인의 자세로 위대한 건축과 함께
이야기를 나누면서 건축 속으로 들어가보고, 찬찬히 훑어보면서 튀어나오는
단편적인 말과 생각이 더욱 필요하다. 창의적인 것은 대부분 근거가 희박한
우연한 선택과 조합으로 이 세상에 등장하기 때문이다. 또한 그 주변의 부산물
또한 전체적인 과정의 하나이기 때문에 관심을 가지기도 했다. 전체를 인식하고
핵심들을 파악하며 있을 것 같지 않은 우연의 지대를 발견하고 싶다.

책을 쓰면서 느낀 위대한 건축들의 공통된 특징이 있다면 그것들은
선진 문화적 환경과 정치적으로 자유로운 시대에 등장하였다는 점이다.
또한 다른 것과의 조화로운 관계 속에서 '보여지는 방식'으로 이루어지는 것이
아니라, '지배하는 자의 방식'으로 이루어졌다. 형식과 개념을 담보하고 있지만
말하지 않고 가두지 않는 일탈처럼 존재에 밀착하면서도 '존재를 넘어서는 구조
안에서 자유로운 형식'이라고 할 수 있다.

　　건축은 자신의 균일화된 주체를 가지지 않으면서 거대함과 평범함,
그리고 하찮은 것까지도 포괄하며 그것들을 다른 것으로 구성하여 질서를
부여한다. 살아 있는 듯한 현실적 힘을 갖는 동시에 신비하고, 신성한
영역까지도 느껴지게 하여 자신을 넘어서는 형식으로 자신의 형식을 삼는
것이다. 철학적이고, 자연적이고, 사회적이고, 정치적인 환경 안에서의 관계로
시작하였으나 그런 것들로 구속되지 않고 해석되지 않는다. 지각과 감각을
수용하는 가운데 그것을 넘어서서 새로운 세계를 열어 보이고, 주변의 것들을
변화시키고 재창조해 나아가게 한다. 지각을 넘어선 감각이 되고, 감각을
넘어선 지각이 되게 한다. 마치 살아 있는 전체의 일부인 듯, 그 자체의
부분과 전체를 동시에 맞닥뜨리고 관통할 수 있게 한다. 다른 것과 변형되어
드러나게도 하고 생략된 최소한의 형식으로도 생략을 끝없이 확충하는 것이다.
그리하여 흔들리나 흔들리지 않는 형언할 수 없는 아름다운 자유를 누리게
한다.
　　이 책의 발간을 위해 스물네 개의 모든 건물을 다시 가보았다. 전문가가
찍은 새로운 사진 외에도 모자라는 것은 찾아내어 보완하였다. 투자한다고

앙코르와트

우주의 바다와 산이 마주하는 지상은 없는 것 같은 천상의 건물로 장엄함을 구현한다. 중심은 비중심으로 전도되어 사실 너머의 사실을 이미지로 만든다.

종묘 정전

천(天)은 자신이 우주로 확충되는 거대한 시발점이다. 미와 하늘이 하나가 되는 확충 방식은 인간에게 하늘의 인성을 부여한다.

타지마할

타지마할은 사랑하던 아내를 잃고 지은 영묘로 알려져 있지만 사랑의 열정보다는 아름다움의 통찰로 얻어진 지성의 건축이다.

생각하면 쉽지만 그렇지 않은 현실적 문제들은 좋은 책을 바라는 김옥철 사장님의 트레이드 마크인 '그의 미소'로 이겨냈다. 편집과 디자인에 힘쓴 컬처그라퍼 편집진들과 이 책의 출판을 독려해주신 여러 지인들과 도움을 준 제자들, 그리고 독자 여러분들과 기쁨을 함께 나눌 수 있기를 바랄 뿐이다.

2012년 1월

북한산 자락 국민대 연구실에서

김 개 천

불멸의 건축
차례

불멸과 초월

완전한 건축

피라미드

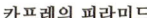

카프레의 피라미드
피라미드 꼭대기에는 호박금을 바르고, 매끄럽게
다듬은 대리석 벽을 사용하여 눈부신 태양의
황금빛을 뿜어낸다.

기자의 피라미드군
표면 전체가 빛으로 흡수되어 모호하게 느껴졌을
나일강 저편의 완전한 빛은 다른 세계로의 부활을
꿈꾸며 부동의 평화를 경험하게 한다.

사막에서는 발자국조차 바람에 의해 곧 사라지고 잊혀진다. 모래바람처럼 흩어지는 시간의 무상함은 사막의 조상들에게 '영원한 형식의 평화'를 꿈꾸게 하였을까. 지금으로부터 5,000여 년 전 나일강의 서쪽, 붉은 사막 언덕 위에 장대하고도 완전한 삼각형의 구조물이 축조된다.

나일강의 동쪽, 이집트인들이 '검은 땅'이라 불렀던 비옥한 곡창지대 반대편에 위치한 사막의 '붉은 땅'은 문명의 신기원을 이루었던 파라오가 사후 피라미드 속에 안치됨으로써 저승의 영역이자 신의 영역으로 자리한다. 이로써 이집트는 나일강을 경계로 삶과 죽음의 두 영역이 생성되고, 피라미드는 파라오의 무덤이자 '내세의 집'이 된다.

나일강의 범람에 자신들의 삶을 의존했던 이집트인들에게 안정된 형태의 삼각형 피라미드는 부동(不動)의 평화와 생의 균형을 잡아 주는 이상적인 신전의 역할을 한다. 파라오들의 중요한 임무는 '풍요와 가뭄' 그리고 '삶과 죽음'이라는 두 세계의 균형을 유지하는 것이었다. 이를 위해 약 80킬로미터에 달하는 강 서안을 따라 80여 개의 피라미드가 축조된다.

10년 동안 비 한 번 없이도 물이 흐르는 나일강의 범람은 아프리카의 비옥한 진흙을 주기적으로 공급하여 이집트인들에게 풍요를 가져다주었다. 또한 바람은 북에서 남으로 불어 강을 따라 거슬러 올라가기 좋아 물자 수송이 용이했고, 목판을 밧줄로 엮어 만든 대형 선박의 건조를 통해 내부와 소통하고 외부와 교류하였다. 그들은 남부 누비아의 금, 보석 등을 이용한 장거리 교역을 통해 부를 축적하였고, 선박 건조 등으로 축적된 기술을 바탕으로 화강암을 운반하여 문명을 이룩할 수 있었다.

또한 사막으로 외부와 분리되어 침략을 거의 받지 않았던 지리적 조건으로 대부분의 이집트인들은 현세의 아름다운 삶과 죽음 이후 사후 세계에 대한 관심이 높았다. 풍요와 안전은 이집트를 인류 문명사 최초로 우아하고 위대한 문명을 만들게 한 원동력이 된다.

쿠푸와 카프레의 피라미드
예술과 상상으로 구축된 세계는 신화와 역사를 가진
새로운 세계로 영토화하며 공간과 시간을 초월한다.

피라미드 복원도
신성한 자를 모신 국가 신전의 공간으로 사방이
이중의 벽으로 둘러싸인 외부의 공간이다.

하늘로 향하는
빛나는 계단

피라미드는 기원전 2920년 이집트 최초의 왕인 메네스가 사카라 지역에 세운 분묘에서 시작하여 2630년 제3왕조의 조세르 왕이 다스렸던 고왕국 시대에 최초로 거대한 피라미드가 축조된다. 위대한 재상이자 학자·점성가·사제이며 그리스인이 의술의 신으로 숭배했던 건축가 임호테프는 사카라 지역에 계단식 피라미드를 쌓음으로써 파라오를 태양신 '레'에게 더욱 가까이 인도한다.

그는 나무와 벽돌로 만든 집에서 발전시켜 연꽃과 파피루스 모양 등의 기둥을 사용하여 장엄한 석조 건축을 피라미드 주변에 지었고 표면을 매끄럽게 물갈기 한 석판을 최초로 사용하여 피라미드의 표면을 빛나게 하였다. 문명 초유의 형식이자 하늘로 향하는 빛나는 계단을 통해 영원불멸을 갈망했던 파라오와 고대 이집트인들의 염원을 이루어냈다.

인간이 유목 생활을 청산하고 도시를 건설하여 정착하면서 발생한 문명은 무덤과 신전의 건축을 통해 인간 정신의 숭고함에 대한 표현을 가능하게 만들었다. 고왕국 제4왕조에 이르러 고대 최대의 건축물인 파라오 쿠푸, 카프레 그리고 카프레의 아들 멘카우레를 위한 세 개의 피라미드가 사카라에서 멀지 않은 멤피스 북쪽 기자의 평원에 모습을 드러낸다. 거대한 돌을 쌓으며 네 개의 밑변으로부터 동일한 각도로 정점에 이르는 피라미드의 축조법은 이전에는 존재하지 않았다.

인류 문명사에 불가사의한 것은 존재하지 않는다. 실패를 거듭하면서 발전된 축조법을 바탕으로 쿠푸의 피라미드는 가장 크고 완전한 형태가 되었다. 2톤에서 75톤에 이르는 거대한 석회석을 35년에 걸쳐 147미터 높이로 쌓았다. 밑변 230미터에 네 변이 동서남북 방향과 정확히 일치하고, 네 측면은 지면에서 51도 기울어진 거의 완벽한 정삼각형이다.

산과 같은 높이의 피라미드는 전문기술 노동자들과 함께 노예 노동이 아직 없던 고왕국에서 왕의 부귀영화를 과시하는 건축이 아니었다. 나일강이 범람하는 3개월 정도의 농한기에 농민들이 급여를 받으며 일할 수 있도록 한 일종의 정치·경제적 배려이기도 했다. 피라미드는 이집트 종교관의 문화적

22

표상으로 파라오의 상징화된 현존일 뿐 아니라 내세에서도 민족의 번영을
보장하는 방법이었다.

쿠푸의 피라미드 양측면
두 면만을 볼 수 있는 시각적 구조로 우주의 속성인
빛과 어둠의 대비구도를 명징하게 드러낸다.

빛으로 투명한
형태

존재의 순환과 육체의 보존에 의해 사후가 보장된다고 믿었던 이집트인들에게 미라의 영구한 보관은 중요한 관심사였다. 그러나 피라미드는 왕의 무덤이기보다는 사후에 태양신으로 다시 태어날 왕의 거처였고, 신의 자손이 묻혀 있으므로 더욱 신성시 되는 이집트의 국가 신전이었다. 하나의 거대한 돌로 만든 오벨리스크가 창조의 초석을 되살려냄을 상징하듯 피라미드는 빙하기가 끝나고 고대 세계에서 혼돈의 표상으로 나타난 거대한 홍수 이후 물 밖으로 드러나는 "최초의 땅의 형태와 부합하는 부활의 언덕"이기도 했다.

　　죽음이란 결코 끝이 아니었다. 절대적 권력만큼이나 강했던 생의 욕구를 느낄 수 있는 엄청난 황금과 보석의 부장품들과 함께 영면에 든 파라오는 이승의 삶이 충분하지 않은 듯 죽은 자의 영혼을 받아들일 부활의 준비를 한다. 5왕조의 마지막 왕 우나스^{Unas}의 피라미드에는 "그를 위해 준비된 계단을 타고 그가 올라간다. 구름처럼 뭉게뭉게 향이 피어오르는 가운데 그가 올라간다. 우나스가 새처럼 날아간다"고 적혀 있다. 파라오가 죽으면 오시리스^{Osiris} 신이 된다는 신화와 연결시켜 볼 때 피라미드는 바깥 방에 준비된 파라오의 배가 하늘로 상승하고 동시에 하강을 하기 위한 활주로이기도 했다. 밑변 230미터로 하늘을 향해 거대하게 기울어진 쿠푸의 피라미드 벽 앞에 서서 꼭짓점을 쳐다보면 하늘로 승천하는 듯한 체험을 하게 된다.

　　피라미드는 신전의 사제는 물론 이집트인 귀족들에게도 종교적 절정을 가져다준 장소였다. 삶과 죽음의 경계선상에서 천상을 향한 기울어진 벽은 사라지는 듯한 환영 그 너머의 형태로 형태를 초월한다. 삼각형의 단순하고 거대한 형태는 하늘로 향한 신전의 탑이자 빛 그 자체였다. "피라미드의 꼭대기엔 호박금을 바르고 모든 면과 탑 문 위에 날개 달린 태양을 새겨 넣는 관습이 있다"는 기록으로 볼 때 매끄럽게 물갈기한 광대한 대리석 벽은 태양빛을 최대한 효과적으로 반사하고, 삼각형 정점에서는 눈부신 태양의 황금빛을 뿜어내었을 것이다.

　　표면 전체가 빛으로 반사되고 거울처럼 흡수되어 투명하게 느껴졌을

나일강 저편의 완전무결한 빛은 피라미드 입구의 스핑크스에 의해 그 위엄이
배가된다. 강을 건너 신전을 찾은 이집트인들은 스핑크스와 함께 저 높은
곳에서 빛이 된 피라미드를 바라보며 자부심에 찬 정신으로 부동의 평화를
경험하고 부활을 꿈꾸게 된다.

조세르의 피라미드
피라미드는 이집트 최초의 왕인 메네스 때부터
실패와 발전을 통해 크고 완전한 형태가 되었다.

쿠푸 피라미드의 배
죽은 왕의 영혼이 타고 새처럼 날아가 신이 되기
위해 피라미드 바깥 방에 준비된 배.

완전한
건축의 원형

삶과 죽음을 경계로 한 이집트인의 이원적 세계관은 피라미드의 2차원적
구조와도 조화를 이룬다. 피라미드는 3차원 구조이나 공간감은 없고,
두 면만을 볼 수 있게 시각화하여 질량감만 존재하는 형상이다. 예리한 각으로
이루어진 두 면은 햇빛과 그림자를 통하여 빛과 어둠의 대비 구도를 명징하게
드러낸다. 선과 면만으로 생의 영속적 본질과 구조적 조화를 밝히려는 명백한
단순성은 언뜻 자연과 파라오의 권력과도 관계없는 추상의 형태로 보인다. 마치
권력의 흔적을 걷어낸 대지가 스스로 신성화한 분명한 형식 하나로 존재한다.

〈사자의 서〉 벽화를 보면 죽은 자의 심장과 타조의 깃털로 상징되는
마아트^{Maat}가 저울에서 평행을 이루는지를 생명의 책에 기록한다. 저울이 한쪽으로
기울어 깃털이 떨어지면 "너는 네 이름으로부터 떨어진 자, 즉 이름 없는 자가
되며 아니면 하늘의 별"이 된다. 피라미드가 밤하늘의 오리온좌를 향하는
것은 신의 세계에서 가장 밝은 별에 대한 당연한 관심이었으며, 저울 위 상극의
조화는 세계의 법칙으로 최고의 선^{善}이었다.

두 개의 상극 요소가 한쌍으로 있으면서 표출되는 신의 속성은 수학
속에 우주를 담은 듯 기하학적 원리의 명백함으로 '변하지 않는 것의 조화가
완전한 것'이라는 닫힌 세계의 미^{美}를 말한다. 미의식의 원형이 이원적 구조로
존재한다. 완전한 기하학을 무색·무취·무미의 세계로 생각한 데카르트의
수학적 세계관을 보는 듯 피라미드는 거대한 네 개의 면이 만나서 이룩하였으나
거의 아무것도 새기지 않은, 불순물을 제거한 완전무결함 그 자체이다. 이러한
완전함은 모든 것을 '천상을 향해 일점으로 사라지는 벽'이 되게 한다. 대지와
밀착된 안정감을 가지면서도 고착된 무게감은 배제된 무아의 형식으로 형태를
넘어선다.

피라미드는 하늘을 향한 메소포타미아의 지구라트나 남미 피라미드
제단이 보여주는 불변의 구축적 지향성과는 달리 지상과 하늘을 동시에
안정적으로 가지는 불변성과 초월성으로 이룩한 건축이다. 자신의 생명을
영속적으로 확충하려는 열망이 빚어낸 생의 충동을 영원성을 향하는 지점에서

아무런 의지도 느껴지지 않는 기하학적 형태와 불순한 그 어떤 것도 포함하려 하지 않았다.

이로써 피라미드는 축조에 관한 어떤 가설에도 정답을 허용하지 않고 4,500년 동안이나 신비 속에 존속한 불가사의하고 신비한 미의 신화들을 만들어내며, 신으로부터 뿜어져 나온 미의 입지를 획득한 서양 건축의 원형이 된다.

이집트 왕과 왕비의 조각
경직된 직선의 자세이나 한발을 앞으로 내밀어 극히
단순한 표현으로 생동감을 일으킨다.

쿠푸의 피라미드
선과 면만으로 생의 연속적 본질과 구조적 조화를
밝히려는 명백한 단순성으로 마치 대지가 스스로
신성시된 것 같은 분명한 형식으로 우리의 눈앞에
존재한다.

멕시코의 치첸이트사와 이라크의 지그라트
하늘을 향하는 지향성과 불변의 구축적 건축으로
지상과 하늘을 안정적으로 가지며 동시에
초월성으로 이룩한 이집트의 피라미드와는
비슷하나 대조된다.

영원을 보게 하는
한 점

피라미드는 신관과 신권을 가진 이집트인들의 막대한 권력이 빚어낸 인류
예술의 결작이다. 아직 살아 있는 왕을 위해 건립했고, 그들의 권력하에
가능했던 대역사의 순환적 세계관은 피라미드를 태양신과의 합일을 위해
사후를 보증 받는 제식적 숭배의 장소로 탄생시켰다. 연꽃 화관에서 태어난
매의 머리를 가진 오시리스의 아들 호루스^{Horus}는 매일 동쪽에서 새로 태어나는
그들의 태양처럼 완벽한 부활과 재생의 상징으로 무덤 벽에 그려진다.

이집트 벽화 속 초승달과 보름달 사이로 늘어선 열두 개의 별 또한
'재생'과 차오르다 기울기를 반복하는 '순환적 우주관'을 상징한다. 이러한
'육체와 영혼의 분리' '죽음과 부활'이라는 이집트인이 가진 이원적 구도의
조화는 중동지역의 보편적 종교관으로 계승된다. 이후 많은 종교에서 성전의
건축은 '죽은 자를 위한 구원의 도구이자 환생의 수단'으로 간주되어 무덤과
사원의 복합 형태로 나타난다. 교회에서 성자의 조각상들과 함께 제단 안에
방부처리가 된 성자의 시신을 놓는 경우도 이와 유사하다.

"나는 어제이자 오늘이며, 내일이다. 그리고 나는 두 번 태어날 수 있는
힘을 가졌다. 나는 신들을 창조하고 지하 세계와 심연과 천상의 주민들에게
무덤의 식사를 주는 신성하며 숨겨진 영혼이다. 나는 동쪽의 지배자이며, 빛이
뿜어져 나오는 신성한 두 얼굴의 소유자이다. 나는 양육된 자들의 신이며,
어둠에서 생겨나 죽은 자가 살고 있는 집의 형태로 존재하는 신이다. 지구의
중심에 서 있는 성소의 군주를 경배하라. 그가 바로 나이고, 내가 바로 그이다."
이집트 〈사자의 서〉^{死者 書}는 그들의 이야기를 피라미드라는 기념비로 들려준다.

지동설 이전 인류에게 지상은 믿어온 바 그대로 우주의 중심이었듯이
고대 이집트인들에게 부활을 약속하는 종교적 힘은 그들에게 광적 숭배를
받을 만한 충분한 가치가 있었다. 이러한 믿음과 신비 속에 가려진 세상은
고대인들에게 불멸의 세계로 생의 확장을 가능하게 하였으며, 무한한 상상의
세계로 발을 디디게 하였다. 그들의 예술은 그런 배경하에서 탄생되었고,
예술은 그 꿈을 실현시키는 힘을 가졌다. 알 수 없었던 영역은 경험할 수

〈사자의 서〉 그림
죽은 자의 심장과 타조의 깃털로 상징되는 마아트가
평행을 이루는지 생명의 책에 기록한다.

이집트 회화의 새와 동물
자연주의 기법으로 그려진 사실적인 묘사는 유한한
존재의 표현 방식이었다.

스핑크스
기자의 스핑크스는 신적인 힘의 거대한 상징으로
피라미드의 입구에서 부활의 또 다른 세계로
인도하는 꿈을 꾸게 한다.

없음으로 객관화 할 수 없는 주관적 개념이 된다. 세계에 대한 주관적 내면의 힘은 사실이 아니라도 훨씬 아름다울 수 있다. 예술과 상상으로 구축된 세계는 새로운 세계를 영토화 하며 공간과 시간은 초월된다.

지금은 태양신 레도 오시리스도 그들의 꿈과 함께 그 꿈을 멈추고 풍상으로 거칠어진 석조물 안에서 함께 생을 이루었던 옛이야기를 들려주고 있다. 그 모습에서 우주와 인류를 지배하던 힘이 느껴진다. "그대 손바닥에 무한을 쥐며 시간 한 점에서 영원을 보네"라고 말한 알렉산더 대왕은 거대한 Alexander the Great 피라미드의 그늘을 보며 그 순간이 스쳐가는 영원임을 알고 있었을지 모른다.

신화와 역사로 가득한 무덤 속 천장의 별이 사막과 비옥한 검은빛 대지 위로 떨어지면 레가 서쪽 지평선을 향해 움직이고, 그들의 손으로 세워진 피라미드는 고대의 그늘로 사라진다. 태양이 황혼녘의 피라미드를 비추자 사막의 지평으로 점점 작아지며 사라지는 피라미드는 그 위용을 벗고 희미한 영혼으로 떠오른다.

△

핫셉수트
장제전

장제전의 정면
멀리 거대한 암벽을 후광처럼 두르고 넓게 펼쳐진
테라스로 건물은 산과 하나처럼 보인다. 가까이
진입하면 산과 유리되어 건물이 밖으로 나오며
시원의 길로 인도한다.

하늘에서 바라본 장제전
거대한 암벽의 위용을 자신의 것으로 흡수하여
나일강으로 연결된 직선의 긴 길로 강력하게
인도한다.

수천 년의 시간을 담은 파라오의 석조물이 한순간에 포착된 그림처럼 눈앞에 펼쳐져 있다. 인류 역사상 가장 오래 지속되었던 이집트 제국에는 지금도 태양이 온 세상을 지배하는 듯 머리 위에서 강렬하게 타오르고 있다. 태양 아래 숨을 곳은 아무 데도 없다. 그 강렬함은 무엇이든 직접적으로 말을 걸어야 알아들을 듯 명쾌하고 투명하다. 최초의 건축은 이렇게 시작된다.

핫셉수트의 장제전은 건축적 형식과 모습을 갖춘 진정한 의미에서의 인류 최초의 건축물이다. 눈앞에 바로 맞닿아 서 있는 테베 골짜기의 거대한 암벽이 그 서막을 알리는 전주(前奏)이다. 암벽의 벼랑을 배후로 장엄하게 두른 장제전이 산의 위용을 자신의 것으로 흡수하며, 나일강에서 연결된 직선의 중앙로에 서 있는 방문객들을 시선을 끌어당긴다. 이 흡인력은 강인하지만 한편으로 무심하여 알 수 없는 신비감에 당혹하기 마련인 첫 방문자들의 상상을 기대 이상으로 끌어올린다.

고대 건물이 그렇듯이 장제전 또한 시간의 냉혹함 속에서 위대함과 하찮은 것들이 먼지 속에 하나로 섞여 있다. 시간의 풍상을 고스란히 견뎌낸 이곳이 과연 '젖과 꿀이 흐르는' 비옥하고 평화로운 완전한 이집트였는지는 기록이 아니면 알 수 없을 정도다. 과거의 그들과 아무런 관련 없이 동떨어진, 상관없는 후손이 살고 있는 듯한 지금의 테베에서 태양의 신전에 고대의 찬란함에 발을 들인다.

장제전은 시간이 정지된 듯 아무 변화도 없는 사막에 절대 비례의 형식으로 움직임 없는 조형처럼 서 있는 피라미드와는 달리 무수한 변화를 품은 채 그 대척점에서 전혀 다른 모습으로 서 있는 건축이다. 모든 것이 열려 있으면서 어둠을 걷어낸 열주를 두른 건축물이다. 건물의 주인 핫셉수트(Hatshepsut) 여왕, 이집트 신왕국 18왕조의 진정한 지배자이자 천체의 궤도를 아우르는 태양신 아몬(Amon)의 딸, 대지의 여왕은 장제전이 보여주는 있는 그대로의 모습처럼 피라미드와는 다른, 그 피라미드를 능가하는 무덤을 만들고자 한 것이다.

2층과 3층 테라스
시간이 정지된 듯한 절대 조형의 피라미드와 달리 자연과 함께 무수한 변화를 품은 채 모든 것에 열려 있으면서 어둠을 걷어내고 햇빛 가득한 태양의 성소가 된다.

파라오의
건물

핫셉수트 여왕은 태양신 아몬과 그녀의 어머니가 수태하여 낳은 딸로서 아버지
투트모세 1세에 의해 어려서부터 후계자로 지명되었다. 아몬의 신탁에 따라
이집트는 그녀만의 것이었으며, 어리지만 영특한 핫셉수트는 장차 이집트의
여왕으로 등극할 운명이었다. 하지만 투트모세 1세의 죽음은 신탁의 엄중함을
한줌의 재로 만든 채 그녀가 18세가 되던 해 의붓동생인 투트모세 2세가
왕이 되고 만다. 이집트를 자기 것으로 믿고 자란 핫셉수트는 선택의 여지없이
의붓동생과의 혼인을 통해서 왕실의 주인이 될 수 있었다. 그러나 투트모세
2세가 뜻하지 않게 이른 죽음을 맞자 남편을 이어 어린 조카가 다시 왕이 된다.
      핫셉수트는 섭정이란 방식을 통해 실질적으로 국정의 최고 권한을
누리며 이집트를 이끌어간다. 옥좌는 공동 집정자의 자리로 두 개였고, 그
둘은 이집트의 역사상 유일무이하게 항상 같이 모습을 드러냈다. 그녀는 신의
현신으로서 자신의 정체를 의심하지 않았고, 태양신의 딸로서 태양만큼이나
거침없이 행동했다. 실제로 하나의 왕은 바로 그녀 자신이었기에 두려운 것은
아무것도 없었다.
      여왕은 자신에게 현현했던 신탁을 환기시키는 방식을 통해 자신의
위치가 얼마나 강력한가를 이집트인들에게 보여준다. 스스로를 '이집트
최초의 파라오'로 명명하여 정체성을 확고히 한 여왕은 자신의 영원성 또한
극적이고 효과적으로 드러내야 했다. 이 모든 의도와 신호들은 현실의 정치적
업적과 결합해야만 더욱 지속적일 수 있었다. 그녀는 힉소스의 지배하에서
이제 막 벗어난 이집트의 행정 조직을 세우고, 파괴된 신전들을 복구하고
새로운 신전들을 건립하였으며, 수많은 공방들을 활성화했다. 군사적 팽창은
중단되었고 비로소 평화의 시대가 열렸다.
      왕권과 신권을 함께 장악했던 그녀는 상하 이집트의 주권을 상징하는
이중 왕관을 처음으로 사용했다. 핫셉수트는 막강한 권력자이면서 이집트
문명을 꽃피우는 결정적 역할을 하였고, 이집트의 정신적 도약을 이끈
선구자였다. 동시에 그녀는 백성들의 수준과 그들의 마음을 읽고 지배하는 데

탁월한 기지를 발휘한다. 자연의 불가사의함과 신비로운 신적 주술을 믿었던 고대인들에게 불가해한 것들을 상징적으로 해석할 수 있는 능력은 인간을 신으로도 끌어올릴 수 있을 만큼 영향력이 컸으며, 이는 곧 지배력을 강화할 수 있음을 뜻했다. 신과 인간의 중간자이자, 산 자와 죽은 자를 다스리는 능력을 가진 왕이 되기 위해서는 이 모두를 가장 효율적으로 실현시킬 수 있는 장치가 필요했고 그것이 바로 신전이었다. 장제전은 단순한 건축 행위를 넘어서 종교의 방향을 가늠하고, 그것을 토대로 국가의 조직적인 관리와 통치를 이끄는 중요한 과정이었다.

     강력한 이집트를 건설하려는 핫셉수트의 앞에 세넨무트^{Senmut}가 나타났다. 그는 우주의 메시지를 읽는 탁월한 능력과 모든 분야에 거침없는 해박함으로 여왕을 사로잡은 천재이자 위대한 건축가였다. 핫셉수트 여왕은 세넨무트에게 빠져들어 그를 연인으로 둔다. 가장 가깝고 열정적인 조언자였던 그에게는 국가의 전 체제에 뻗치는 예외적인 지배권이 주어지고, 그 재능은 여왕과 이집트 그리고 자신을 위하여 유감없이 발휘된다.

     신전은 신과 우주와 소통하는 가장 효과적인 장치였고, 세넨무트는 신전 건축의 중요성을 누구보다 잘 이해했다. 마침내 핫셉수트 여왕에게 바쳐질 세넨무트의 역작, 장제전이 기획된다. 이 건물은 필경 스스로가 최초의 파라오가 된 여왕에 걸맞을 인류 최초이자 최고의 건물이어야 했다. 여왕의 옥좌 앞에 세넨무트의 파피루스 두루마리가 찬란하게 펼쳐진다. 천문학에도 능했던 그는 심오한 상징체계로 이루어진 건축 전반의 모든 단계들을 화려하고도 놀랍게 기술하였다. 광산의 확보, 교역의 확대 등 그녀의 업적들이 수많은 이집트인들의 숭배를 받으며 거행되었고, 여왕의 탄생과 어린 시절 신과의 혼례 등을 다룬 그림이 신전 벽을 가득 채울 계획이었다.

     게다가 선대 왕들이 묻힌 왕의 계곡과 골짜기를 아우르는 신전 부지는 그 자체로 역사의 거대함을 품는다. 신전 크기의 배치수법은 피라미드와는 또 다른 초월적인 거대함을 갖추었지만 건축적 균형감은 신성한 비율로 느껴질 만큼 절제되었다. 여왕은 이것이 카르낙^{Karnak} 신전이나 피라미드를 훨씬 능가할 건축물이라는 것을 확신한다.

장제전 측면
건축과 자연의 극적인 대비와 조화로 '위대한
여신'의 신성한 산을 건축으로 포섭하여 초월적
크기의 신전을 만든다.

카르낙 신전의 오벨리스크
최초의 탄생석으로 창조의 초석을 되살려내는
핫셉수트의 오벨리스크.

핫셉수트의 조상
신 아몬과 인간 사이에서 태어난 인류 최초의 여왕
핫셉수트.

거대함의
거대함

아스완 근처 세헬 채석장에서 순수한 흰 돌이 운반되고, 테베 서쪽 연안
다이르 알바흐리 계곡의 깎아지른 듯한 가파른 절벽 아래 계단식의 신전이
지어진다. 이제 이곳에서 영원한 제례가 이루어질 것이다. 핫셉수트 여왕의
아버지 투트모세의 장제전과 벽돌로 지은 아멘호테프 1세의 작은 예배전 곁에
부지를 마련한 건물의 이름은 '제세루-제세르', 곧 '숭고함 중의 숭고함'이었다. Amenhotep I
건물은 기존의 건축적 공간개념을 완전히 초월적인 것으로 바꿔놓았다. 이를 Djeser-Djeseru
통해 건물을 둘러싼 시야의 모든 자연을 건축으로 흡수해버린 건물이 탄생한
것이다.

멀리서 보면 피라미드로 보이는 산 아래 거대한 암벽을 후광처럼 두르고
있는 장제전은 산의 일부가 아니었다. 그녀는 아버지가 최초로 안식처를
마련하고 이후 400여 년간 왕들의 대규모 공동 묘역으로 쓰이며 '위대한
여신'이 산다고 전해지고 '성스러운 봉우리'란 뜻을 가진 '타 데헤네트'의
지하무덤에서부터 장제전 예배소 암벽의 반대편까지 뚫을 것을 지시했다.
암벽을 파 고분을 형성하는 설계는 멘투호테프 2세의 고분과 유사하나 세 개의 Mentuhotep II
테라스가 보여주는 건축과 자연의 극적인 대비와 조화로 신성한 이 산이 모두
여왕의 무덤으로 포섭된다. 실로 기자의 피라미드를 능가하는 거대한 초월적
크기의 무덤이 만들어진 셈이다.

장제전은 산을 거느린 후면 뿐아니라 전면 역시 건물의 중앙로를
나일강까지 연장하여 그 범위를 장대하게 확보한다. 마치 이곳이 서쪽의 끝
탄생의 시초에 다다른 듯 태초의 언덕 같은 피라미드 석산의 장엄함과 평온을
배경으로 건축과 일체를 이루어낸 조화와 비례는 이집트인들이 믿었던 대지와
건축과 인간의 모든 것에 깃든 마아트라는 영혼을 일체화시킨 듯하다. 그곳은
테베 서안의 산꼭대기이자 침묵의 여신의 거처였다. 이집트인이 믿었던 창조의
원천인 아툼은 '존재하지 않는다' 혹은 '가득 차 있다'는 뜻을 어원으로 가진 Atoum
것으로 '모든 생명을 한 몸'에 지닌 창조자였다. 그들은 창조의 신이 흙에
생명을 넣어 생명체를 만들었고, 그 육체를 빌어 '카'라는 영혼이 부활해 영원히

살 수 있다고 믿은 최초의 인간들이었다. 건축 역시도 구축하기보다는 존재하지 않던 원천으로 돌아가기 위한 장치였고, 그것으로 다시 창조되는 것이었다.

건물의 주된 층을 이루는 삼단의 테라스는 유난히 넓게 확장되어 고대와 현대의 시공간을 한순간에 병치해 놓고, 미래의 추억을 옮겨놓은 것처럼 희뿌연 모래 안개 속에서 산의 높이를 건물과 하나로 만들며 완화시킨다. 이를 통해 산을 정면에서 바라볼 때 단지 3층 건물로만 보이는 예상 밖의 변모를 불러일으킨다. 장제전은 빛을 받으면 거대한 산과 건축에서 반사되는 햇빛이 더해져 신전과 등지고 있는 산을 혼동케 하고, 가볍게 그 무게를 털어 버린다. 앞으로 넓게 펼쳐진 테라스로 인해 건물이 산과 유리되지 않고 일순간 하나로 보이는 시각적 효과를 증대시킨다. 장제전이 산을 어떻게 자신의 것으로 만드는지를 알 수 있는 기법이다.

하지만 가까이 진입하면 반대로 건축은 산과 유리되어 깊고 화려한 침묵의 벽으로부터 넓은 테라스와 긴 경사로가 밖으로 나와 은밀한 손을 내민다. 층마다 펼쳐진 장엄한 넓이의 테라스 한가운데로 두 개의 경사진 길이 중앙을 가로지르며 뻗어 있고, 양옆으로는 날개처럼 주랑들이 도열해 있다. 거대한 나일강의 선착장에서부터 연결되는 중앙대로는 신으로서 그리고 생명의 상징으로 자리잡은 한 번도 가보지 못한 새로운 피라미드로 가는 길이었다. 긴 수평 건물과 삼중의 짧은 수직 열주는 자연의 수직선과 완전한 조화를 통해 수평적인 동시에 수직적으로 스핑크스들이 늘어서 있는 부활과 시원의 길로 인도한다.

열주 회랑
여왕의 탄생과 교육, 대관식, 원정 이야기 등이
부조로 전해지는 열주의 회랑.

푼트의 나무
푼트에서 가져온 향을 발산하는 신성한 나무.

3층 테라스
'성자 중의 성자'로 불리는 안뜰은 하토르 여신과 함께 열주의 기둥으로 둘러싸인 태양의 성소가 된 빛의 고장이다.

첫 번째 안뜰에는 신성한 땅 푼트^{Punt}에서 가져온 향기를 발산하는 미르라 나무들과 덩굴 수목들이 심어진 정원이 있다. 중앙 계단을 중심으로 스물두 개의 기둥들이 좌우대칭을 이루며 제1테라스에 들어선다. 넓은 테라스의 양끝에는 오시리스 신의 형상을 한 그녀의 거대한 조각상이 서 있다. 제2테라스 북쪽 탄생의 주랑에는 핫셉수트의 탄생과 교육, 대관식으로 장식되었고, 남쪽 주랑에는 여왕의 원정 이야기를 전하고 있다. 눈부시게 빛나는 백색 대리석의 주랑과 테라스는 위압적이지 않고, 태초의 땅에 이른 듯 평온하고 우아하다.

'성자 중의 성자'라 불리는 3층의 안뜰에는 여왕의 석상이 아누비스^{Anubis} 신과 하토르^{Hathor} 여신과 함께 빛의 고장, '태양의 성소'라고 불리는 호루스의 재실과 더불어 신전을 형성하고 있다. 재실의 주변은 열주의 기둥으로 둘러싸인 회랑이 있고, 빛과 그늘이 하나를 이루는 사각 중정의 열린 천장 위로 드러나는 수직의 암벽은 건축이 자연으로 변모하여 완전한 일체를 이룬 듯 수평의 공간 그 너머 수직으로 천상과 교감한다. 강력한 태양이 내려쬐는 열주의 정원은 밤이 되면 불멸의 별들과 교감을 나누기에 부족함이 없다.

태양의
신전

수많은 신비한 이야기와 다소 음울하고 마술적인 비의들로 가득한 다른 신전들과는 달리 장제전은 상쾌하며, 한 조각의 태양빛도 숨을 곳이 없을 것 같은 눈부신 태양의 집이다. 핫셉수트 여왕은 기존의 제한된 소수의 제관들과 귀족들에 의해 집행되고 숨겨져 있던 종교를 배격하고, 자신을 비롯한 왕족들과 백성들이 직접적으로 교감하기를 원했다. 중동의 고대 종교가 세상의 중심에 있는 신의 의지로 인간의 질서와 제도를 만들고 신의 자손을 제외한 신과 인간을 구분하였다면, 이제 감추어진 신비로운 권한만을 휘두르는 절대군주는 그녀의 이상이 아니었다.

당시로서는 파격적인 신권과 왕권의 개방성에 자신의 권력이 있다고

믿었던 여왕의 의도는 급진적이고도 충격이었다. 기존의 신전들이 왕실에게만 허락된 신비감을 가중시키는 의식들로 철저히 차단된 폐쇄적 구조로 지탱되는 성스러움이었다. 하지만 핫셉수트는 백성들을 비추는 가장 광대한 빛은 개방된 태양임을 알고 있었고, 절벽의 성지에 그의 성전을 실현시키고자 한 것이다. 신비스런 권위의 또 다른 모습이다. 모든 백성들의 시선에 그대로 노출되는 이런 발상은 고대에선 상상조차 하기 힘든 행보이자 업적이다.

종교적 혁신은 급진적인 건축적 진보를 만들어낸다. 여왕은 누구에게나 창대하게 비추는 태양신을 거의 유일신으로 만들었다. 이는 후대 중동 지역에서 불변의 유일신의 등장을 부추겼을 법하다. 그녀 사후 혁신은 계속해서 이어지지 못하고 이집트는 이전의 신비함으로 돌아간다. 여왕의 기록들과 조각들은 종교적 반대파들에 의해 조직적이고도 집요하게 훼손당한다. 장제전이 그녀의 신전이었음에도 곳곳에 그녀가 등장하는 부분이 도려내듯이 파여 있는 것을 볼 수 있다. 그럼에도 한쪽에는 여왕의 죽음으로 온 백성들이 통곡하는 그림들이 여전히 남아 있어 핫셉수트의 존재를 여실히 드러내고 있다. 그녀를 기리기 위해 카르낙 신전에 최초의 탄생석 형태로 세워진 30미터 높이의 오벨리스크는 지금도 이집트에서 가장 높게 솟아 있다.

밝고 환한 장제전에 떨어지는 뜨겁고 눈부신 빛들이 암벽 절벽에 찬란하게 모여 모든 어둠을 잡아먹는다. 창대한 강렬함으로 최초의 생명력을 그대로 드러내는 태양빛이 테베의 가장 밝은 석회암에 빛을 뿌리면 장제전은 빛에 몸을 맡기는 몸체가 된다. 이곳이라면 태양신의 딸이 그대로 현신하는 장소라 할 만하다. 전대의 신화들의 무게가 동시에 날아가버리는 새로운 빛의 성소에는 나일강 너머 솟아오르는 태양이 떠오른다. 마치 장제전의 부름을 받은 듯하다.

△

신상과 암벽
건축과 수직인 암벽은 서로 완전한 일체로 변모하여
수평의 공간 그 너머 수직으로 천상과 교감한다.

질서와 순수

고귀한 영혼

파르테논
신전

파르테논 전경
이성으로 구가한 자유 속에서 그리스의 자연과 같이
현명하고도 온화한 우주의 질서가 된 건축.

에게해와 파르테논 전경
고요한 정신으로 살아 숨 쉬는 듯 긴장과 중압감은
사라지고, 태양빛 아래 대리석 열주들은 부드러운
리듬을 타고 흐르며 눈 아래 펼쳐지는 대지와
바다의 중심에 위치한다.

'자유가 사고방식을 결정한다.' 인간이 합리적인 체계를 가진 사회적 동물이
되기까지 고대는 수십 세기 동안 절대적 자연과 신의 지배하에서 은밀하고도
영광스러운 시간을 보냈다. 기원전 2,000년경 향락적이고, 현실적이었던
에게해의 해양 문명은 기원전 800년에 이르러 종족의 이동과 전쟁을 통해
동방의 문화와 결합하며 전환점을 맞는다.

　　　기원전 5세기 지중해의 작은 도시국가·아테네는 역사상 최초로 동서양의
문명이 충돌한 페르시아 전쟁에서 승리한다. 살라미스 해전의 대승으로 그들은
제우스의 딸이자 백성들을 돕는 일에 인생을 바치고 영원히 순결을 지킨 여신
^{Athene}
아테나에 대한 믿음을 공고히 하며, 이 세기를 그들의 것으로 만들어내는 데
성공한다. 이후 이탈리아 남부에서 페르시아 지방에 이르기까지 지중해 해안
지방에 다양한 식민지를 개척하게 되었고, 확장된 영토의 효율적인 지배를
위해 그리스 선진 문명의 요소들을 재창조하는 정책이 긴요하게 요구된다.
해전의 경험은 무역을 통한 거대한 상업 도시로의 길을 열어주었고, 도시 간
이동의 자유와 공통된 언어, 문학과 종교의 발달은 500여 각 도시들의 경쟁을
촉진하게 된다.

　　　부강한 도시는 도시의 결집을 위해서 문명의 혜택을 충분히 베풀어야
했다. 이때 인류 최초의 대중문화 활동인 스포츠·음악·연극 등이 활발하게
이루어진다. 혈연관계로 엮여 안정과 질서를 중요시했던 동양의 농업사회와
달리, 아테네인들은 다양한 사람들과 협력해야 하는 해상무역과 상업의 발달을
통해 민주적 체계가 더욱 효과적임을 인지하고 있었다.

　　　부강해진 국가는 시민들에게 노동과 군역 또한 면제하여 그 어느 때보다
정치적 여유와 한가로운 일상을 누리게 한다. 이를 통해 학문과 교육 그리고
예술에 전념할 수 있는 계층이 생겨났고, 직업은 전문화된다. 인성과 이성에
위배되는 초자연적 고대 종교의 속박과 절대적 믿음은 풍요로운 삶에 바탕한
건전한 상식의 신선한 공기와 순수한 빛으로 인간의 사고를 비추기 시작한다.
풍요는 그들의 교사였다.

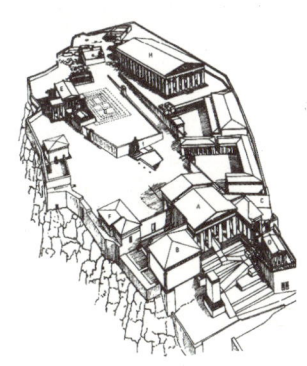

파르테논 신전 외관
초자연적인 고대 종교의 믿음과 풍요로운 삶을
바탕으로 신전은 도시의 꼭대기에서 선명한 모습을
드러낸다.

아크로폴리스 복원도
아테네의 상징인 신전군은 정치·문화적으로 문명화
된 세계를 이룩한다.

건축,
신이 된 질서

기원전 480년, '그리스 정신의 고전주의'는 페리클레스(Pericles) 시대에 절정을 맞는다. 페리클레스는 '높은 도시'를 의미하는 아크로폴리스(Acropolis)를 아테네의 상징으로 생각하여 다양한 신전을 건설한다. 그는 시민권에 기초한 법을 통해 지배되는 민주정치를 이룩하고, 정치·문화적으로 아테네를 문명화시켜 세계의 중심 도시로 만들기 위해 노력하였다.

　　페리클레스는 친구이자 위대한 조각가였던 페이디아스(Pheidias)와 건축가 칼리크라테스(Callicrates)에게 파르테논(Parthenon) 신전의 건설을 맡긴다. 기술적 문제로 공사가 한 차례 중단된 후 피타고라스와 플라톤의 역학계산과 기하학의 지식을 입은 익티노스(Iktinos)에 의해 설계가 변경되어 절대비례를 갖춘 도리아식 원기둥이 건물의 네 면으로 세워진다. 신전은 건물 전체가 직선이 없는 비례와 균형으로 이루어졌다. 철저한 시지각적 배려로 이루어진 자연스러운 직선의 신전은 기원전 447년 아테나의 신상과 함께 도시의 꼭대기에서 선명히 그 모습을 드러낸다.

　　그리스인들에게 신화와 신전은 정치와 경제활동이 일어나는 실제적이고 역사적인 장소로서 일상생활의 포괄적 체계였다. 그러기에 그들의 신은 완전한 초월자로서의 관념적 이데아가 될 수 없었고, 초자연적 힘을 가짐과 동시에 인간적 결점들과 외양을 가진 현실 세계의 상징화된 존재가 된다. 그리스인들은 아름다운 육체를 동경했고 미에 민감했기에 자신들의 눈을 만족시키는 이상적 인체를 신성화했다. 신적 위상은 친근하며 인간적인 것이 되었고, 신적 질서란 이성으로 구가한 자유 속에서 그리스의 자연과 같이 현명하고도 온화한 자연의 개방적 질서가 되었다.

　　'오더(Order)'라는 기둥 양식은 그리스어로 '우주'라는 의미로 자연의 조화와 질서인 자유로부터 생명을 얻은 기하학적 질서가 된다. 당시의 철학과 기하학 등으로 이루어진 우주와 자연의 재현은 북쪽 도리아인의 목조 구조에 남부 이오니아인들의 석조 건축이 융합하여 많은 부재로 결구된 새로운 목조식 석조 건축을 낳았다. 이는 견고하고 섬세한 열주를 세울 수 있게 하였고, 그들의 미적 기준에 부합되는 그리스 고유의 양식으로 보편화될 수 있었다.

도리아식 기둥의 외관
비례와 조형의 철저한 시지각적 배려로
조영되어 조화와 질서로 만들어진,
신이 된 기하학적 질서의 건축.

완성됨으로써 무화(無化)된
형태

그리스 문명은 고대 동방의 영향과 역사의 조류에 선취된 문화적 결집과
역동에 찬 투쟁의 성취로 창출되었다. 이를 통해 사회·정치적 틀을 만들어낼 수
있었다. 지성과 법이 지배의 원리로 자리 잡고, 자연과 사회를 보다 진보적으로
이해함으로써 제사의식은 절대주의적 국가의식에서 벗어나 소포클레스의
비극으로 탈바꿈하여 연극과 스포츠로 이어진다. 사제는 연극 배우가 되어 살아
있는 신 앞에서 훌륭히 연기했으며, 관객은 비극적 운명에 영웅적으로 대처하는
예술과 육체적 카타르시스에 동참하는 것으로 제의식의 신성함을 느꼈다.

　　　격조 높은 미술과 음악을 종용하며 "최고의 미는 신 안에 있다"는
플라톤의 말처럼 아마도 철학자들이 숭배했을 이 신은 조각 속의 신과는
다른 '형태 없는 신'이자 이데아였다. 인성에 의한 보편적 가치의 중요성을
갈파했던 플라톤에 이어 아리스토텔레스에게 신은 '그 자체로 완전하여 어떠한
욕망도 의지도 가지지 않으며 따라서 통치하지도 않는 자'였다. 사물의 본질로
존재하는 신으로 존립할 뿐이었다.

　　　갈등은 악(惡)으로 규정되었다. 그러나 자연의 덕에 거스르는 갈등은
조화로운 덕이 실천되고 재생산되는 폴리스 속에서 극복될 수 있는 것이었다.
아테네 민주주의 세계를 말해주는 조화와 협동의 덕목들은 '내 모든 도덕적
존재의 마음과 영혼, 그 보호자이며 수호자로서 자연으로' 위대한 예술 탄생의
조건적 배경들을 만들어주었다. 덕성과 심미 모두를 규정한 금기를 모르던
지혜의 스승과 함께 아테네 청년들의 논쟁 장소였던 파르테논 신전 아래
아고라(Agora)의 회랑들은 자연의 예지로 가득한 지적 쾌락의 사원이었다.

　　　자연의 본래 모습은 제한된 규격을 넘어서는 무한성과 영원성을
동시에 느끼게 한다. 형태를 넘어서는 형상 너머로의 확장감을 불러일으키는
절대적이고 보편적인 형식에 그리스인들은 관심을 기울인다. 순전한 정신만을
주장하지 않는 절대적 황금비례는 자연적 완성의 단계에 이르는 자연적
정신이 된다. 마치 '최고의 미는 신 안의 미가 된 자연적 정신'이라는 듯 수학적
형식만으로 이룩한 완성된 형태로서 형태는 무화된다는 단순성에 도달한다.

중용의 고요함을 지닌
영혼

고대 그리스인들은 그들의 문화를 이성의 소산으로 여겼고, 큰 자부심을 느꼈다. "그리스 사람들은 이유를 찾지만, 유대인들은 신의 계시를 찾는다"고 한 바울^{Paul}의 말에서 보듯 그들은 이성으로 인식하는 이상적인 사회와 형태를 창조해가려 하였다. 수학에 깊은 관심을 가졌고, 인체의 치수에 바탕한 규범적 황금비율을 확립했으며 "절대적 진리는 없고, 인간이 만물의 척도이며 사물은 그것이 우리에게 있는 것과 같이 보일 뿐이다"라고 하였다. 이러한 생각으로 벽을 기울게 하거나 기둥의 중앙을 부풀리는 착시 등 예술에 과학적 작업을 도입하여 완전한 이성의 건축으로 나아갔다.

파르테논 신전이 있는 아크로폴리스 언덕은 대부분의 그리스 신전이 자리했던 것처럼 아테네를 굽어보는 극적이며 평화롭고, 성스러운 감동을 느끼게 하는 장소이다. 동쪽을 향한 신전 내부에는 커다란 신상이 서 있지만 예배를 위한 내부 공간이 구비되어 있지 않고, 제식은 지붕 없는 외부 계단 아래에서 신전을 바라보며 이루어졌다. 외부에서 신전을 바라보는 제식을 통해 신은 건물 밖에서 만나야 했다. 지금은 흰색으로만 보이는 건물들은 원래 부분적으로 적색과 청색이 강조되었다. 한때 그곳은 화려한 프레스코와 청동 화환, 황금빛 방패 등으로 밝게 빛나는 외부지향적 외관의 풍모를 더욱 실감할 수 있는 공간이었다.

파르테논 신전은 내부 공간이 자리하는 영역보다 전체적인 신전들의 어우러짐과 멀리 있는 산과 바다를 건축으로 포함한다. 이때문에 주변 자연의 지세를 축으로 이용한 조화와 관계가 중요한 의미를 가진다. 건물군 속의 개별적 형태들은 자연처럼 조화와 다양성을 산출하는 동시에 서로 유리되지 않으면서 본래의 목적을 이룬다. 여기에 지중해의 밝고 온화한 햇빛이 무한처럼 존재하는 백색 대리석 열주의 공간에 스며들어 '신과의 소통'이라는 신성함까지 갖추게 된다.

자연과 함께 모든 것이 비스듬히 비대칭의 대각선으로 배치된 건물들은 부동하나 계속하여 움직이는 것 같다. 맑은 기후는 대리석으로 지어진 석회암

건물 형태를 한층 선명하게 부각시키고 전체적 균형은 서로 상응하여 융성함을
증명한다. 파르테논은 전체적이고 동시적인 감동과 존엄으로 가득한 이성의
언덕 위에서 고귀한 기풍과 회의적인 절제가 흐르는 모습으로 존재한다.

완전함에 이른
표상

그리스 신전은 500년간 로마인들은 물론 오늘날까지 사용되고 있는 세계에서
가장 성공한 건축 형태로, 규모만 다를 뿐 거의 모든 신전이 똑같은 형태를
하고 있다. 신전은 공동체에 의해 발원된 것으로 그 중요도에 따라 규모와
비용이 조종되었다. 이는 시민 모두가 동의할 수 있는 완벽한 규범으로 정착된
형식이었고, 다중심주의 문화 속에 다수의 취향을 반영한 결과였다. 이러한
사회적 이유와 절대적 미에 대한 헌신은 형식보다는 건물에 생기를 불어넣어
살아 숨 쉬는 듯한 생동감이 부여된 건축과 조각으로 관심을 기울이게 된다.
　　파르테논 신전은 완성을 향한 역사적 시간의 지속적 경험이 이룬
탄생물이지만 형상은 개념의 암시를 넘어선다. 새로운 형태를 추구하려는
건축가의 의지는 배제된 듯 기존의 '오더' 기둥 양식을 사용한 질서의
반복만으로 형태적 의지는 사라진 건축을 만든다. 대신 자연의 정신을
드러내는 질서와 비례의 형태를 통해 건축이 가진 고요한 정신을 살아 숨 쉬게
한다. 신의 구원을 기다리지 않는 충만한 평화는 숙고보다 선행하며, 미적으로
충만함을 부여한다. 모든 갈등을 올바른 적도로 균형 잡힌 중용의 도로
제공하며, 자연의 통일된 구성과 형식의 공간으로 정신적 움직임과 함께한다.
　　200여 년의 오랜 시간을 거친 시행착오와 기술의 발전을 통해 기둥은
높고 가늘어지며, 간격 또한 넓어진 정화된 비례의 구조를 갖추며 긴장과
중압감은 사라진다. 열주의 회랑 사이로 걸으면 저 아래 펼쳐지는 짙은 와인
빛의 검푸른 에게해와 함께 미풍 속에 부드러운 대리석 열주들은 리듬을 타고
흐른다. 넓게 확장되고, 닫히거나 열리며 움직이는 듯한 기둥들이 만드는
부동의 공간은 통합된 자체의 움직임으로 진리와 미와 정의의 헌신에 바탕을

둔 경이롭고 풍요로운 인간사회에서 완전함의 표상이 된다. 이 율동감은
강인하면서도 부드럽고 유연하다. 연속적으로 겹쳐진 열주와 기둥의 홈은
파동과도 같은 움직임과 멈춤의 중간 단계를 보여준다.

　　단순하면서도 엄격하나 밝고 온화한 모습은 규범적이지만 그 규범을
벗어남으로써 규범적 이상과 완성에 동시에 도달한다. 깊은 정신성은 단순한
선으로 표현되어 점과 선만으로 이룬 간단명료한 평면의 구조임에도 절대비례에
시각적 편안함까지 고려한 디자인으로 경직되지 않는다. 부드러움과 생생함을
갖춘 당당한 형태로 고요함을 내포하고 완전한 하나로 발현되어 우아함이 된다.

생명력으로 대변되는
그리스의 형태미

그리스 문화는 사실적인 회화와 조각에서 보듯 있는 그대로의 인간과 속세의
미덕이 숭앙되는 양극단의 가운데서 생성되었다. 신의 모습 역시도 생동하는
듯한 사실적 인물상으로 드러난다. 그리스인은 실제 많은 방면에서 유치한
동시에 성숙했다. 그러나 세상을 전체적인 관점으로 바로 보길 원했던 그들은
자신들만의 성취를 이루어낸다.

　　그리스 문학과 철학에 대한 심오한 지식을 갖췄으며 그리스 고전미의
발견자로 일컬어지는 빙켈만에 의하면 그리스 미술은 '신 안에서 발견했고,
우주의 조화 가운데서 간파한 최고의 미'로 언급된다. 그리스의 형태미는
조각으로 보자면 자연에 버금가는 생명력을 갖추었다. 그 생명력은
혈관을 타고 흐르는 듯한 섬세한 피부조직인 신체를 통해 영혼을 드러내며
절제와 '운동감이 없으나 운동감을 느끼게 하는 고귀한 단순함과 고요한
위대함'이었다.

　　이것은 그리스인의 관념 속에서 전형적으로 발견되는 중간적이고 순수한
것의 아름다움이다. 가장 순수한 것, 즉 가장 단순한 것은 '형태를 버린 형태'로
고요함과 단순성은 같은 의미를 지닌다. 참된 고요함의 상태인 신 속의 미는
'영혼에서 흘러나오는 형태의 미'로 신성함을 성취한다. '고요한 위대함'은 곧

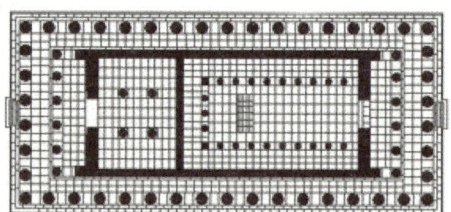

신전의 외부

지중해의 밝고 온화한 햇빛이 백색 대리석 열주의 공간에 스며들어 신성함을 강조할 때 신과의 소통이 일어난다.

신전의 내부

내부는 거대한 아테나 신상이 자리하는 성소였고, 외부에서 신전을 바라보는 제식을 통해 신은 건물 밖에서 만나야 했다.

자연의 덕이 발현된 온화하고도 우아한 조용함이며, 우울함과 그늘은 어디에도 없는 과장되지 않은 기쁨이자 정신적 위대함의 표출이었다.

사회적 인간이 추구하는 현실적 철학의 힘은 형식을 통한 예술적 미를 통하여 영혼을 얻으며 살아 호흡하게 된다. 둘의 완전한 결합은 고전예술의 목적을 훌륭히 수행하며 생명을 갖는다. 모방의 대상인 자연을 넘어 인간 정신이 부여한 내재된 생명의 힘에는 자연에 없는 숭고함이 더불어 존재한다. 그리스의 도덕적 언어와 숭고함 속에서 발현된 미의식은 시대를 초월하며 자유로운 자연에서 끌어낸 신성한 미로 철학과 예술을 진보시킨다. 이는 자연의 질서가 그러하듯 스스로 자기규제력을 갖는 미학적 윤리학의 가능성을 열어 놓으며, 고대 세계의 중심에서 부강하고 고귀하고자 했던 아테네인들의 꿈을 되돌아보게 한다.

△

파르테논 평면도
고대 주택의 평면 모습이 확장된 형태로서 내부가
아닌 외부지향적 건축의 모습이다.

'하나'의 고귀함

판테온

판테온 정면

판테온은 과도한 규모와 힘이 넘치는 로마 건축을
넘어 문화의 절정기에 이룩된 로마의 가장 위대하고
진보된 건축물이다.

판테온 원형 돔
둥근 지붕은 실제보다 더 멀리 있는 것처럼 보이고
점점 작아지면서 뒤로 물러난다. 하늘의 문을 통해
들어오는 단순한 빛은 최초의 신과 같은 초자연적
근원을 상기시킨다.

로마의 모든 이야기들을 뒤로하고 고대의 먼 시간 속으로 들어왔다. 판테온의 ^{Pantheon}

내부에 들어오기 전까지는 그 누구도 이곳의 낯선 체험을 미처 예상하지 못했으리라. 판테온의 입구에는 공간이 주는 신비로움에 놀라지 않도록 '어떤 예측도 허락하지 않는다'는 문구라도 있어야 했다. 시간과 동떨어진 체험, 이것은 인간에게는 예상 밖의 일이다. 언제나 함께 존재하던 먼 과거와 미래의 모든 시간들이 판테온 안에서 일순간 사라져버린다. 마치 창조 이전의 원천같이 수천 년을 품어왔을 그들 경험의 두꺼운 층들은 보이지 않고, 존재 이전의 시작점을 돌파해버린 어떤 절대적 공간만이 놓여 있다. 이윽고 이곳이 서양 정신의 원형질, 온전히 내면의 영혼으로 잠입한 하나의 핵 같은 공간이라는 사실을 직시하게 된다.

판테온이 유별나게 독존하고 있는 듯한 느낌을 주는 이유는 건물이 세워졌던 시대가 그만큼 독립적인 시기였기 때문이다. 프랑스의 소설가 플로베르는 "키케로에서 아우렐리우스에 이르는 시기는 이교의 신들이 더 이상 존재하지 않고, 그리스도는 아직 나타나지 않아 인간이 홀로 존재했던 유일한 시대였다"라고 말했다. 기원전 2세기는 종교적인 속박에서 해방된 '자유로운 인간들의 마지막 세기'였다. 일찍이 하늘에서 인간으로, 신과 종교적 관심에서 인문적 관심으로 그 시각을 이동시킨 위대한 소크라테스와 플라톤의 공간인 이데아가 아직까지는 존재할 수 있었던 시기였다.

판테온은 신이 존재하지 않았을 때의 '신'이라고 할 만한 신성한 것을 빚어낸 영혼의 모태이다. 영적 모태는 아무것도 없이 고요하고, 순수한 빛으로만 자리하는 빈 원형의 근저이다. 존재에 앞서는 정신이나 유일성의 원리는 인간의 세기에 인간이 만든 최초의 것이다. 존재의 무게를 벗어 버리고자 한 인간에게 이데아가 과연 실제로 존재하는지에 대한 문제는 그다지 중요하지 않다. 시간과 변화에서 벗어난 영원불변, 하나의 순수로 향한 이들의 집념은 완전한 하나의 고귀성을 향한 열망으로 이어진다. 이 하나를 위해 추상된 것은 완전무결하며, 불변을 담보하는 항구적인 핵이었다.

판테온 내부
아무것도 없이 고요하고 순수한 빛으로만 자리하는
빈 원형의 근저로 신보다는 만인을 위한 신전이다.

하드리아누스의
신전

일반적으로 공공건물이 축조과정을 비롯하여 복잡한 탄생의 배경을 가지는
것과는 달리 판테온은 마치 화가가 자기 마음대로 그림을 그리듯, 전적으로
하드리아누스 황제 개인에 의해 지어진 건물로 '하드리아누스의 문화·철학적
자기표현'이라 할 수 있다. 판테온은 그 이름의 뜻처럼 '만인을 위한 신전'이라고
하나 '하드리아누스의 신전'이라 불려도 무방할 만큼 불멸의 영광 또한 그의
것이 되어야 할 것 같다.

"나는 단순히 인간이었기에 신이었다." 태초 인문학의 태동하는
심장소리처럼 울리는 하드리아누스의 이 말은 그가 자신이 처한 시대를 얼마나
철저히 이해하고 있었는가를 보여준다. 실제로 그는 당시의 황제들이 그러했듯
전사 출신이었다. 그러나 동시에 시인이며, 동시대의 다양한 사상들을 자신의
높은 소양으로 받아들인 문사였다. 말하자면 플라톤의 철인정치가 실제로
실현된 경우라 해도 무방하다.

하드리아누스는 제국의 확장을 이루어낸 선대의 업적 아래 로마의
오현제 가운데 세 번째 왕으로 절대 권력을 누렸음에도 일반 병사나 노예들과도
거침없이 대화를 즐겼다. 평범한 금욕주의자나 고결한 도덕주의자는 더욱
아니었지만 당대 사람들에 의해 '초인적인 덕을 갖춘 황제'라 불렸던 모든 이의
황제였다. 그는 당시 일반화되었던 양성애자로도 유명했는데 미를 사랑했던
그가 관능적인 삶 또한 마다할 이유가 없었다. 미적 영감은 그의 표현 방식의
일부였다. 그는 어려서부터 '그리스 소년'이라 불렸을 만큼 아름다운 것에
대한 선천적 탁월함을 보였다. 로마보다 확연하게 경이로웠던 헬레니즘 문화의
고아함은 그의 모든 정신의 자양분이었고, 영혼을 지배했다. 절제의 기쁨과
미의 날카로운 정점을 누구보다 잘 알았기에 당시 로마에 만연했던 과도한
향연은 그에게는 타락에 가까운 권태로움이었다. 플라톤은 그의 신이었으며,
이데아는 신의 공간이었다.

유연한 정신과 더불어 정치적으로도 영광스런 치세의 업적을 이뤄낸
왕을 둔 로마는 거대한 영토의 기반 위에 그 문화를 정점으로 올려놓았다.

'벽돌로 지어진 로마를 대리석으로 바꿔놓았다'고 평가 받으며, 동시에 제국을 동경하고 통합할 수 있는 문화적 우월함을 갖추는 행운의 시기였다.

헬레니즘 예술에 고취된 높은 취향을 지닌 황제 하드리아누스는 획기적 신전 건축에 영감을 받는다. 과도한 규모와 근육질 넘치는 힘에 도취된 로마에 염증을 느꼈을 황제는 결국 로마의 수준을 끌어올릴 계기를 마련한다. 자신이 누구보다 뛰어난 건축가이자 예술가였기에 자신의 성향을 건축에 반영할 수 있었다. 하드리아누스가 지은 하드리안 빌라 등 하나같이 뛰어난 다른 건조물들을 보면 그의 치세기가 로마 문화의 절정기였음을 알 수 있다. 이 중에서도 가장 위대하면서도 진보된 건축물이 바로 판테온이다.

판테온을 지을 당시 건축가 아폴로도로스^{Apollodoros}는 건축의 공공성을 강조하여 하드리아누스와 마찰이 잦았다. 그러나 하드리아누스는 모든 공공성에 앞서 인간의 본질에 더 다가가는 것이 진정으로 인간의 공공에 더 이바지한다고 믿었다. 이 믿음을 통해 실제적 불멸성을 획득하여 시대의 한계에 국한되지 않는, 모든 인간이 누리는 공공성을 획득하게 될 것이라고 황제는 확신했다. 진정한 인간의 탄생을 의미하는 이러한 태도는 결국 보다 수준 높은 인류의 지표가 탄생되는 결과물을 만들어내기에 이른다.

플라톤의 이데아가 투영된 고요한 중심, 항구적 불변으로 영원히 낡지 않으며 아무런 활동도 없는 항존의 공간은 신적 요소의 핵이다. 하드리아누스가 사후 후계자로 지명한 양자, 『명상록^{瞑想錄}』의 저자 아우렐리우스^{Aurelius}가 금욕의 미덕을 뛰어나게 발휘한 스토아파 학자이긴 했지만 그와는 달리 예술적 업적이 눈에 띄지 않는 것을 보면 아마 선왕이 지어놓은 판테온 속에서 아무것도 하고 싶지 않았거나 욕망을 억제한 로마의 창조적 동력에는 다소 무관심했을지도 모른다. 실제로 하드리아누스의 치세를 마지막으로 현자들의 시대는 사라진다.

![판테온 외관](image of Pantheon exterior)

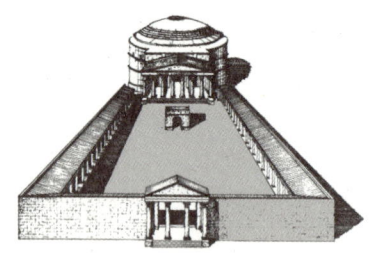

하드리안 빌라
원형의 회랑과 연못으로 둘러싸인 하드리아누스
황제의 빌라.

판테온 외관
크기를 넘어선 크기, 끝없는 무한함과 초월적
공간을 만들어 그리스를 넘어서려 하였다.

판테온 복원도
직사각형의 마당과 회랑을 지나 거대한 열주를 거쳐
신전에 들어가게 한다.

하나의 공간
판테온

하드리아누스는 로마의 장대한 힘이 거대한 크기로만 보이길 원하지 않았다. 절대적 공간은 힘의 욕망으로만 여겨지던 기존의 가치로 지어질 수 없는 문제였다. 그가 갈망하던 것은 크기를 넘어선 크기, 끝없는 무한함과 초월적이고도 우주적인 스케일이었다. 게다가 그는 그리스를 연모했지만 또한 넘어서고 싶어 했다. 법제 분야를 제외하고는 여전히 로마는 그리스 문화의 제자였지만 판테온을 성공적으로 건축한다면 지금까지 그의 영혼을 지배하던 그리스는 다시는 뒤쫓아 오지 못할지도 모르는 일이었다. 그 절실함은 기존의 모든 신전들을 넘어서는 절대적이면서도 신성하며 일찍이 없었던 공간의 구현을 목표로 했다. '그리스 소년'으로 불리던 황제는 어느새 그리스를 지배할 준비가 되었던 것이다.

하드리아누스는 기원전 120년부터 124년까지 온전히 이 판테온의 건축에 집중한다. 판테온이 세워질 부지를 모색하던 중 아우구스투스^{Augustus} 황제의 사위인 아그리파^{Agrippa}가 옛날 로마 주민들을 위해 만들었던 공중목욕탕의 폐허 자리가 떠오른다. 주랑 하나와 건물의 이력이 새겨진 대리석판 정도밖에 남아 있지 않았던 폐허에서 그는 로마 황제들의 위대한 계승자임을 자각한다. 정통성의 기반이 부족했던 하드리아누스 황제는 판테온 건축을 통해 제국 초기 황제의 기반과 자신을 연결시킬 수 있었다. 게다가 새 시대의 로마는 세계를 힘으로 지배하는 야만적 지배자가 아닌 세계 평화의 수호자여야 했기에 그가 선대의 황제들과 하나로 연결되듯 세계의 모든 신들을 하나로 연결시킬 절묘한 부지였다. 신전은 '거대한 하나'로 기획된다.

당시 가장 뛰어난 건축기술을 가진 로마였지만 전대미문의 거대한 원형 돔을 만들어내는 것이 쉬운 일은 아니었다. 하지만 판테온 돔의 지름은 긴 직사각형의 마당과 회랑으로 이루어진 공간을 지나 43.5미터까지 확장된다. 하나의 공과 같은 구체를 공간의 토대로 삼아, 전체 공간의 높이가 구의 지름과 같은 반구형의 돔은 원통형 벽체의 틀로 이어진다. 콘크리트를 부어 지은 벽은 틀의 두께를 7미터로 넓히고, 돔을 견고하게 받치는 기능을 하게 했다. 돔의

뼈대를 모두 드러내는 사각형의 격자 형식의 보들은 마치 속을 파낸 듯 비어
있게 하여 둥근 지붕은 실제보다 더 멀리 있는 것처럼 보이고, 돔으로 감싸는
듯 하나 점점 작아지면서 둥근 모습을 이루어 뒤로 물러난다. 이로써 둥근
지붕은 하늘이 되고, 지붕 한가운데의 구멍을 통해 빛을 내부로 유입시킨다.
빛은 밝고 어두움의 대비를 통해 공간을 넓히고 통일된 전체로서 느끼게
만들어 판테온은 이데아의 빛이 반사된 자취요, 이데아로 나아가는 길이 된다.

판테온의 구조는 로마의 시원인 고대 에트루니아의 원형 신전을 모태로
삼았다. 두꺼운 벽체 안쪽은 벽과 거대한 홀만 있는, 즉 공간만 있는 텅 빈
건축이다. 이러한 신전은 당시의 열주식 신전들과는 전혀 다른 원통형 신전으로
실내 벽면을 파낸 일곱 개의 애프스가 있고, 여기에 높이 10.6미터의 코린티안
양식의 원주가 두 개씩 있었다. 이 애프스에는 아폴로를 위시한 일곱 신을
모셨지만 어느 누구하나 특별히 부각되지 않는다. 원형을 둘러싸는 모든 빛을
하나로 안배시키는 바람에 공간만이 부각되는 설계이다.

판테온 내부 벽면의 장식은 그리스 미술의 은은하고, 우아한 요소들을
따랐다. 천장의 들보에 투조된 듯한 청동의 꽃문양 장식들은 거대한 내부
공간의 단순함에 우아함을 더하는 역할을 하고 있다. 또한 애프스에 조각된
신들의 조각상들은 그리스 신전들에서 유난히 돋보이는 거대 조각상들과는
반대로 자신을 드러내지 않는다. 내부적 공간성만이 느껴지게 벽 뒤로
둘러서는 파격적인 신상의 배치이다. 신을 우러러보는 것이 아니라 신과
함께 머무는 곳으로 생각했기 때문으로 신들이 열주 속에 위계 없이 흩어져
공간만이 보이는, 이전에는 없던 다른 서양건축의 또 다른 출발이 시작된다.

이 거대한 홀의 상부 제일 위쪽에는 원형으로 열려 있는 빛을
끌어들이는 하늘의 문, 오쿨루스가 있다. 해시계 역할도 할 수 있는 이 빛의
원은 초자연적 근원을 상기시킨다. 판테온 이전의 신전은 외부에서 건축의
외관을 바라보는 것이 관심이었다면 판테온은 로마의 장대함과 헬레니즘의
우아함이 만나 빛과 어둠의 공간으로만 빚어진 로마 최고의 건축물이 된다.

오쿨루스
시공간을 넘어 이데아의 빛만이 투영되는 거대한
공간은 플라톤의 이데아로 나아가는 길이 된다.

존재는 신에게로의 회귀를 꿈꾼다. 이 신은 존재의 근원이자 하나인 것으로
이해됐다. 유일한 하나에 대한 열망은 근대까지도 이어지는 서양 사유의 오래된
전통이며, 이것은 고귀함으로 이끄는 그들 영혼의 부름이었다.

야만스런 치세기의 커다란 업적들에 고취된 로마인들은 그들의 위대함을
과시하기에 여념 없는 나날들을 보내고 있었다. 그들의 진보와 변혁은 인류에겐
이전에 없던 결과였다. 이러한 번영의 근저에서 현실과 자연에 대한 무관심이
고조되었고, 다소 염세적이랄 수밖에 없는 헬레니즘 사상이 유행한다. 이들은
진보의 한쪽에서 형이상학적인 정신을 사랑했다. 너무 깊이 사랑해서 그들이
이룬 모든 역사들마저 소거시킬 지경이었다.

초자연적인 근원의 헬레니즘 철학을 믿었던 하드리아누스는 이전의
고귀함을 그대로 이어가 연계시키기를 간절히 바랐다. "하나와 함께 하나를,
하나로부터 하나를, 하나 가운데서 하나를 그리고 하나의 하나 가운데서
영원히"라고 말하던 그에게 이 '하나'라는 고유의 매혹성은 인간이 도달해야 할
천상의 은총이었다. 그는 자신이 말했듯 많은 것을 필요로 하지 않았고 단순한
것을 좋아했다. 이 가장 단순한 '하나'는 그를 더 멀리, 인간 정신의 기원으로
끌고 갔다. '유리를 끼우지 않은 눈'이라는 뜻을 가진 판테온의 오쿨루스는
하나의 빛을 내부로 유입한다.

3세기경 신플라톤주의자인 플로티노스는 원초적 일자로 이 세계와
초월적 실재를 파악하여 모든 현실을 초월하는 궁극적 실체를 '빛'에서 찾았다.
빛은 초월적이고 상징적인 미의 특성을 가졌고 아름다움은 외면적 요소보다는
정신적 요소에 더 가치를 두는 특징이 있다.

존재에 앞서는 정신의 유일성, 그 원형이 궁극적 빛을 드러내며 최초로
있었던 곧 신의 모습과 다름 아닌 빛을 직접적으로 발산한다. 움직임 없이
조각된 만신들은 이윽고 서로에게 스며들며 그 윤곽을 상실하기 시작한다.
거대한 원형 공간에서 빛이 모든 존재를 하나로 녹여버리면 개별을 벗어버린
존재는 탈아적 일체로 근원에서 합일을 이루게 된다.

하나가 되어버리면 모든 변화를 동반하는 구체성은 사라지고,
영원불변의 '하나'만이 영적으로 어떤 절대 일치의 원리 안에 있을 뿐이다.
이는 변화를 감지하는 오감을 내려놓고 우리의 다양한 기능들을 멈추게 하여
신의 한가운데로 나아가게 만든다. 이 순수함 속에 섞여 있거나 예속되어 있는
것은 없다. 아무것도 보태지 않고 구별 없는 하나이다. 신으로만 온전히 향하고
바깥으로는 차단된 전적으로 안으로 향하는 이곳은 그러나 결코 질식하지
않는 곳이다. 모든 비유를 제거해낸 영원천상의 명백한 하나의 원에서 어떤
매개도 없이 직접적으로 빛난다.

　　　정오의 가득한 빛이 원형을 이루며 판테온 내부로 쏟아져내린다.
수많은 전쟁과 정치의 긴장이 남겼을 피로감 속에서 황제에게 이곳은 순수의
안식처였을 것이다. 이 영원한 공간은 황제의 심미적 권력을 극대화시키며
우주처럼 팽창한다.

판테온 내부
존재에 앞서는 유일성의 원형이 된 빛이 공간 내의
모든 존재를 하나로 만들며 탈아적 일체의 근원에서
합일을 이룬다.

콜로세움

콜로세움 외관
'미완이 완성'이라는 듯 앙상한 구조만 남은
모습이나 과거를 제패했던 로마의 면모를
여실히 보여준다.

콜로세움 내부

텅 빈 타원형의 공간과 하늘을 경험하게 하는 빈 공간은 우주와
같은 형식으로 느껴지던 공간을 현실의 공간으로 순식간에
전환하게 만들며 거대한 허공으로 시야를 압도한다.

1층 회랑
타원형 아치로 이루어진 규칙적인 간격의 공간적
경험은 웅장하고 화려하게 회전하며 순환하고,
끊임없이 이어지는 내부 공간을 만든다.

파괴된 로마의 궁전이나 콜로세움 등을 보면 모순되게도 '폐허'에서 '완성'을 느낀다. 그래서 서양인들은 '미완이 완성'이라 말하였을까? 완성을 지향한 것이 오히려 한계를 느끼게 하고, 세월에 의해 부서진 건축에서 더욱 무한함을 체득한다. 지금은 폐허가 된 포로 로마노^{Foro Romano}의 길 끝에는 2,000년의 세월을 내면에 묻고, 앙상한 구조만 남은 콜로세움^{Colosseum}이 자리하고 있다. 장대함만으로도 그 위용을 가늠해볼 수 있는 이 원형경기장은 로마 제국의 성격을 대변하는 상징적 구조물로 과거 지중해 전체를 제패했던 로마의 면모를 여실하게 보여준다.

이성과 상식의
열린사회

로마 제국은 일흔여덟 개 속주를 포함하는 다민족·다문화의 열린사회였다. 비록 전쟁을 통해 이룩한 정복이었지만 군사적 힘만으로는 광대한 제국을 천여 년 동안 통치하며 유지할 수는 없었다. 7,500만 명의 인구가 제국의 위용에 편입되기 위해서는 보편적 이데올로기가 뒷받침되어야 했다. 로마 제국은 그리스 문화의 영향으로 공화제를 받아들였고, 법이 지배하는 곳이었다. 또 전쟁을 통해 무역·산업·상업으로 부를 축적하고, 문화적으로 풍족한 생활을 누리는 속주의 도시들을 지배하며 유럽을 문명의 중심지로 만들었다.

또한 인간의 이성과 상식을 중시하는 자연법 정신에 기반을 둔, 유연하고 포용력 있는 체계를 유지했다. 평민도 귀족이 될 수 있었고, 속주의 시민도 로마 시민이 될 수 있었으며, 일정 기간이 지나면 노예도 그 신분을 벗고 평민이 될 수 있었다. 로마는 이탈리아 반도에 국한된 국가라기보다는 세계제국으로서 이해될 필요가 있다.

로마 제국의 정치 이념이었던 자연법은 정치가 키케로에 의해 창안되었다. 그는 '참다운 법은 보편적 자연의 법칙과 이성이 일치해야 하며 인간과 사회는 이러한 목적에 합치하는 평등성으로 나아가야 한다'는 것을 법치정신으로 삼았다. 이는 평민이 정치에 참여할 수 있고, 귀족정치로 대표되는 공화제의 로마에서 평민 출신의 황제가 나와 대중의 지지를 바탕으로 정치력을 결집시킬 수 있는 사상적 기반을 마련하였다. 이는 아들보다는 후계자를 양자로 삼아 황제의 대를 잇게 하는 관습 등을 만들며 제국을 일으킨 원동력을 이어갔다. 건축과 미술 역시 사회적 효용 창출을 극대화하기 위한 주요한 수단이었으며, 콜로세움은 그 전형적 예시이다.

열정의 관조에서 찾은
삶의 기쁨

기원후 1세기 베스파시아누스Vespasianus는 전제군주였던 네로Nero의 암울한 시대를 걷어내고 새로운 군중의 시대를 연 황제였다. 평민 출신의 유능한 장군이었던 그는 군대의 추대와 대중의 사회적 지지로 혼란을 수습하며 정치적 입지를 확고히 하고, 시민을 위한 대형 건물들을 건조하기 시작했다. 로마 제국은 무엇보다 실용을 추구하며 대중의 욕망과 쾌락의 분출이 가능한 시대였지만 일반 생활 문화에선 그리스보다 뛰어난 문화를 갖고 있던 에트루리아의 영향으로 금·은·청동기의 세공 기술과 도자기·유리 공예의 분야에서는 실용을 뛰어넘는 세련미까지 갖추었다.

　　로마 제국은 사실적이고 대중적인 시대로 '대중의 시대'를 연 역사상 최초의 국가였고, 그 대중적 힘은 제국의 또 다른 원동력이었다. 당시 로마의 인구는 150만 명을 넘는 과잉 상태였고, 이를 수용하는 제반 시설과 환경은 열악했다. 베스파시아누스는 시민들의 머릿속에서 절대 권력의 부정적 기억을 지우고, 경제적 재개발을 위해 네로의 황금 궁전에 있던 인공호수를 없앴다.

　　대중의 지지를 바탕으로 황제가 된 그 자신도 사실적이고 대중적이었기에 전제군주의 흔적이 있던 그 자리에 시민들을 위한 대형 경기장을 축조하였다. 여기에 각 속국으로부터 받은 문화적 영향이 흡수·절충되어 통합적이고 현실적 경향에 따라 콜로세움이 건축된다. 황제의 가문 이름을 딴 '플라비우스 원형극장', 일명 '콜로세움'은 건축가 라비리우스Rabirius의 설계로 건설된다. 콜로세움은 '거대하다'는 뜻의 라틴어colossale에서 비롯된 만큼이나 대중을 위한 거대한 오락의 장소로 사용된다.

　　정치적 타산에 입각한 베스파시아누스의 통찰력은 효과를 발휘했다.
경기장은 곧 시민들의 마음을 사로잡았고, 마치 죽어가던 자가 다시 살아나듯
제정의 정치적 혼란 속에서 억압되고 움츠렸던 로마 대중의 불안과 절박함이
분출했다. 집단적 불만 해소의 필요성을 정확하게 읽어낸 건설 사업은 야만성과
'힘의 과시'라는 인간의 본성을 효과적으로 수용하며, 시민들에게 네로의
폭정과 불쾌한 현실에서 도피할 수 있는 극적이고 의미심장한 선물이 되었다.
그들은 조용한 관조(觀照)에서 비롯된 환희가 아니라 열정으로 치닫는 폭력적
관조에서 삶의 기쁨을 찾았다.

　　로마 건축은 그리스적 조형 요소를 차용하여 양식적으로 그리스 건축과
비슷하면서도 두 사회의 차이만큼이나 그 본질은 상이하다. 그리스가 숭고하고
고상한 정신의 발로를 이룬 작품에 경의를 표하는 반면 로마는 오늘날의
대중사회처럼 사실적이고 욕망적이었다. 또한 본래의 에트루리아 문화 위에 각
속국의 영향을 받아 흡수하며 절충해갔기에 보다 총합적이고 현세적 경향을
띠었다.

　　실용적인 로마인들이 가장 중요시 여긴 것은 사회 기반시설과 편리한
교통수단, 맑은 물의 공급과 처리시설, 목욕탕의 개인위생 등 졸부 취향의
문화였다. 인도·중국·아랍 등에서 각종 사치품을 들여오고, 세계 각지로부터
대리석을 수입하였다. 제국 초기에는 화려한 코린트식 기둥이 최고의 인기
건축이었다. 화려함과 웅장함은 로마가 예술에 남긴 첫 공헌이다. 한편
가정교육이 발달하며 로마의 지도층이 종교·시·철학 등 더 높은 문화에 관심을
갖게 되면서 그리스어를 사용하여 생각하고, 책을 읽게 되었다.

　　제국이 팽창하고 부가 쌓이면서 거대한 시설들이 등장하게 된다. 처음
10만 인구였던 로마는 100만 인구의 도시로 확장되고, 200만을 향하게 되면서
지중해 해안을 따라 원형극장이 100여 개 이상 건설되었다.

생명의 긴장으로 치솟는
축제

기원후 75년에 지어진 중심 길이 188미터, 외벽 높이 48.5미터, 둘레가
400미터에 이르는 콜로세움은 타원의 나선형 구조와 가파르게 경사진
관람석으로 인해 50,000명의 모든 관람객이 눈앞에서 경기를 하는 듯 관람할
수 있게 만들어졌다. 햇빛과 비를 가리기 위해 설치한 '벨라리움'이라는 거대한
차양은 현대의 경기장이 추구하는 편안함과 아름다움에 비교해도 전혀 손색이
없는 장치이다.

    콜로세움을 이루는 원형 벽체의 외벽 기둥은 그리스식 기둥에서 영향을
받았다. 그러나 그리스의 기둥이 실질적 기둥의 구조체인데 반해 로마의 기둥은
두꺼운 아치의 벽이 기둥이 되었다. 벽체에 부조처럼 붙어 있는 기둥은 장식적
기능으로만 차용한 것으로 다문화가 융합된 로마의 분위기가 묻어난다. 기둥을
대신할 수 있는 아치와 반원형의 볼트 천장을 사용하게 되자 기둥이 아닌
벽으로 둘러싸인 계획된 공간을 창출할 수 있었고, 대리석 판 사이에 화산토와
석회를 섞은 콘크리트를 사용하면서 거대한 내부와 외부를 가진 새로운 개념의
정교하고 복잡한 건축을 만들어낼 수 있게 된다.

    일흔여섯 개의 출입구와 1층 아케이드 전부를 방사형으로 설치한
콜로세움의 통로는 수많은 군중들의 신속한 출입을 가능하게 했다.
체계적이면서도 동일한 호흡의 반복적 구조는 융합감을 가져오며, 각각의
입구들은 층층의 아치와 결합하여 원형으로 끊임없이 이어지는 내부 공간을
만든다. 엘리베이터를 사용하여 동물과 검투사들이 재빠르게 이동하고 등장할
수 있도록 설계한 세밀한 지하 구조와 복잡한 내부 공간은 단순한 타원형의
외부 형식에 균형과 장중함까지 동시에 갖춘다. 불균형한 구조에서 느낄
수 있는 불필요한 긴장을 야기하지 않는 거대하게 통일된 원형의 운동감은

콜로세움 지하 공간
동물과 검투사들이 재빠르게 이동하고 등장할 수
있도록 설계한 지하 구조와 상부의 내부 구조로
인해 해상 전투까지도 재연할 수 있었다.

격렬함을 육중하게 만들면서도 정교하고도 치밀하게 힘의 흐름을 집중시킨다.
이로 인해 저항과 흥분은 결집되고, 경기장에 울려 퍼지는 함성과 함께
분위기는 더욱 고조된다.

죽은 자의 부활을 위해 산 자의 생명을 바치는 제식 행위에 기원을 둔
검투사 시합은 로마시대에 이르러 전쟁 포로·노예·기독교인·범죄자들과 굶주린
사자 등이 서로 죽을 때까지 싸우는 잔혹한 경기로 변질된다. 마지막으로
남은 자의 목숨은 대중의 몫이었다. 여지없이 엄지손가락을 아래로 내리며
이들의 피를 통해 로마 시민들은 열광적이고도 극적인 집단적 욕망의 굶주림을
채운다. 로마인들에게 존재란 곧 힘이며, 정복의 쾌감으로 맛볼 수 있는
달콤한 축배였다. 곧이어 투기장은 물로 채워져 말과 소들은 거칠게 물속으로
내달리고, 배에 오른 검투사들은 해상 전투를 재연한 혈전을 벌인다. 피로 물든
인공의 바다를 바라보며 생명의 긴장은 폭발하고, 고조된 감정은 절정으로
치솟는다. 국가는 함성과 피라는 야만성의 축제를 제공하고 있다.

불멸의 영혼을
소유한 생명

타원형 아치로 이루어진 긴 회랑의 통로를 음미하듯 걷는다. 규칙적 간격으로
이어지는 공간적 경험은 이 거대한 건축이 담고 있는 야만적 기능의 내용과는
상관없이 끊임없이 회전하며 순환한다. 그러다 블랙홀과 같은 통로의 한
곳으로 빠져나와 관람석으로 들어서면 도시의 어느 곳에서도 볼 수 없는 텅
빈 타원형의 공간과 하늘을 경험하게 된다. 우주와 같은 형식으로 느껴지던
공간이 현실의 공간으로 순식간에 전환되는 것이다.

로마 제국의 시간과 공간으로 조건 지어진 이곳의 격한 이미지는 존엄한
형식으로 체감되는 우아하고도 힘찬 아름다운 원형의 구조물에 가려 사라지고,
세월만 담은 듯 순수한 건축과 거대한 허공만이 시야를 압도한다. 그 속의
절규와 환성, 맹목적 열망과 탄식 그리고 만족감의 표출은 성스럽기까지 한
이곳의 미적 공간과 충돌한다. 그들의 함성과 호흡, 때론 우리를 황홀하게

하는 격렬함은 위용으로 넘쳐나는 공간에 의해 어쩌면 자신들의 정당성을
고귀하고 당당하게 이상화하는 방식으로 허용하였는지도 모른다. 예술작품이
수용자에게 경험됨으로 인해 정당한 미적 지위를 갖는다면 이곳이 주는
감동은 기능적 내용과 아름다움에 있다.

여기서 예술은 경기장이라는 자신의 정체성을 넘어서 불멸의 영혼을
소유한 생명체로 자리한 듯하다. 고귀하지 않은 권력의 통치적 기저에 놓여
있는 미의식은 도덕과 목적에 관계없이 존재하는 생명처럼 호흡을 가지며 살아
있는 감동에 도달한다. 경기가 끝나고 자신들의 성례를 마친 관객들은 예술적
성취를 이룬 공간에서 검투사와 동일시된 만족을 누리며 그들의 불만을 신속히
해소시키고 질서 있게 배열된 아치의 문을 지나 경기장을 빠져나온다.

출입구
일흔여섯 개의 출입구를 통해 50,000명의 군중을
신속히 출입하게 하는 등 현대의 경기장 역시
고대와 동일한 모습과 기능을 가지고 있다.

신적 영감의
무한 공간

욕망과 타인의 것을 뺏고자 하는 탐욕으로 인류의 역사는 진보하였다. 이
시기의 시인 카시우스 롱기누스는 그의 저서에서 "진정한 정서는 낱말들에
좋은 광기를 불어넣어 그것을 신적 영감으로 가득 채운다"라는 말을 통해
'격렬한 정서'에 관해 이야기한다. 그는 넘치는 힘의 정복자였던 로마 제국
시민이 당시 누린 일반적 경향의 광기를 인간의 본성에 입각한 자연스러운
감정으로 여기며, 좀 더 고상하고 신적으로 고양시킬 수 있기를 원했는지
모른다.

　　콜로세움이 이룩한 예술적 숭고함의 배후에 숨어 있는 속됨과 격렬함에
대한 시인의 우려에도 불구하고, 모든 불완전함과 잔혹함 속에서도 합리적
사회를 향한 진보는 계속된다. 반복하고 답습하며 진보하는 역사 속에서
구축된 제도와 관행들은 인간에게 보다 유용한 방향으로 선회하며 실천되어
나아간다. 비록 야만의 시대를 거쳤음에도 불구하고 로마가 가졌던 가치를 더욱
유용한 것으로 평가한 것일까? 로마를 유럽 문화의 원형과 이상으로 여겼던
괴테는 파티의 밤에 홀연히 빠져나와 홀로 오랫동안 꿈꾸었던 로마를 향한
긴 여행을 떠나기도 하였다.

　　200년 이상 투기장으로 명성을 더한 콜로세움은 4세기 이후 로마 제국이
세계 이성의 보편적 진리를 추구한 기독교 국가로 전환함으로 그 막을 내린다.
완전한 것으로 봉해진 것 없는 우리의 생이 그러하듯 정확한 윤곽이 부서진
폐허 또한 세월이 준 선물처럼 보다 무한을 담을 수 있는 시간의 공간으로
구획되며 열린다. 무한은 아무 한정이 없거나 계속하여 움직이는 형태만으로
무한을 느끼게 한다. 형태를 갖추기 전 같은 '폐허의 미완'으로 돌아간
콜로세움은 더 많은 움직임과 이야기를 양산하며 이미지를 함축한다.

　　중세가 지나고, 콜로세움의 벽체는 르네상스 시대의 성당 건축 등을
위한 채석장이 되어 지금처럼 골조만 드러낸 상태가 되어버렸다. 영혼이 육체와
더불어 사라지듯 여기서 이루어졌던 모든 일들도 아득히 사라지고, 역사 속
함성은 더 이상 들리지 않는다.

고대의 시간을 보낸 경이로움과 숭고함으로 인격화된 실존으로 여겨지는
콜로세움의 원형적 질서는 우주와 같은 자체의 내적인 힘과 동력에 힘입어
자신의 생을 묵묵히 견뎌내며 거대함을 증가시킨다. 건축은 파괴되었지만
파국이 아닌, 오히려 성장한 듯 파괴된 육신을 통해 신성함마저 획득하였다.
그리스 문화를 전하고 헬레니즘을 세계문화의 차원으로 높인 로마인의 영혼은
끊임없이 회전하며 반복하는 듯한 콜로세움의 타원형 공간 속에 스며든다.
그곳에서 흥망과 쇠잔을 되풀이하며 무수한 삶의 시간을 넘겨주고 있다.

거대한 내부 공간
인격화된 실존으로 여겨지는 단순한 타원형의
질서는 자체의 내적인 힘으로 생을 견디며 거대함을
증가시킨다.

성 소피아
대성당

성 소피아 대성당 외관

페르시아와 로마의 문화를 결합하여 지상에서 가장
거대하고 위대한 기독교 성전으로 지어졌다.

성 소피아 대성당의 중앙홀
거대한 하나의 돔을 중심으로 한 복합 돔을 구성하여
원의 고정적 구조를 다양하게 느끼게 하고, 아무것에도
지탱되지 않는 것처럼 유동적인 공간이 되게 한다.

이스탄불의 성 소피아 대성당
유럽과 아시아 바다의 길목에서 천년 도시 비잔틴의
영혼과 술탄의 영화를 도처에 모아놓은 듯
웅장하고도 초연하게 항구적인 역사의 깊이를 품고
도시를 비춘다.

이스탄불의 내부를 둘로 나누듯 가로지른 보스포루스 해협은 아시아와
유럽의 경계에서 옛 콘스탄티노플의 항구적인 역사적 깊이만큼이나 큰 강처럼
흐른다. 바다의 길목에는 천년 도시 비잔틴의 영혼과 술탄의 영화를 도처에
모아놓은 듯 고대 도시를 수놓은 모스크들 사이로 비잔틴의 상징이었던
Saint Sophia Cathedral
성 소피아 대성당이 웅장하고도 초연하게 서 있다.

　　기원후 330년, 콘스탄티누스 대제는 분열된 로마를 재통일한다. 그는
Constantine the Great
기독교를 국교로 삼아 다양한 민족으로 이루어진 제국을 하나의 질서와 통일을
이루는 정신적·사회적 협력 장치로서 받아들이고, 거대 제국을 원만하게
통치하기 위해 수도를 유럽과 아시아의 중심으로 옮긴다.

　　자유로운 개인주의적 이성과 쾌락의 일상을 중히 여겼던 휴머니즘과
사실주의적 전통의 로마 문명은 황제 정치와 기독교라는 절대주의적 가치
안에서 움직이게 된다. 황제에게는 그리스도를 대신한 지상의 통치자로서
사회 전반에 종교적인 질서와 도덕적 통일성을 부가하여 보다 고상한 사회로
나아가게 만드는 역할이 요구되었다. 그러나 내면을 들여다보면 그리스와
로마를 거치며 증대한 개인주의적 세속의 욕망과 동·서 로마를 포함한 종교의
다양한 분파는 서로의 경쟁을 촉진시켰다.

　　한편 기독교로 인하여 대중은 철학적 소양을 갖게 되었다. "그리스도교
Justinianus
신자들은 본래적인 뜻으로 '철학자'라고 불릴 수 있다"고 한 유스티니아누스의
말처럼 신앙과 지식 사이에는 원칙적인 차이가 없었다. 동시대의 '서양의
Augustinus
스승'이라고 불리던 아우구스티누스는 "우리들은 성서의 권위를 힘입어서만
말하지 않고, 보편적인 인간 이성의 바탕 위에서 믿지 않는 자들을 위해
말하고자 한다"고 하였다. 이제 인간성을 지닌 종교는 믿음만을 중히 여기는
고대신앙에서 벗어나 예술의 자유를 촉진하고, 인간의 이성을 중요시 여기는
삶과 결합하여 철학화된 대중의 종교로 나아갔다. 새로운 신은 인간성을
지닌 삼위일체가 되고, 인간이 신의 어머니가 되는 강한 여성성을 가지며
이성과 신앙을 가진 인간의 일치를 요구하였다. 당시 페르시아와 유대
철학도 마찬가지로, 철학과 종교적인 신앙의 결합은 시대가 요구하는 삶과
이데올로기적인 통일의 전제 조건이었다.

330년, 쇠락해가던 제국의 수도를 로마에서 비잔티움으로 옮겼던 콘스탄티누스
황제는 자신의 이름에서 가져온 수도의 지명 '콘스탄티노플'을 새로운 시대의
심장부로 만들기 시작한다. 이는 로마적 전통과 페르시아와 그리스 문화를
결합, 이후 천 년을 지배할 독자적인 비잔틴 문화를 탄생시킨다. 동로마는
그리스적 요소를 무엇보다 중시했다. 아테네 대학은 초기 비잔틴 제국의 최고
대학이 되었고, 플라톤과 아리스토텔레스는 비잔틴 학자들의 지적 안내자로
그들의 사상을 계속하여 지배하였다. 왕실에서는 점차 라틴어의 사용이
금지되고 그리스어가 공용어로 사용된다. 제국의 콘스탄티노플은 완전히
그리스화 되었다. 기독교 역시 그리스 철학의 형이상학적 부분이 관여한
그리스도교로 변모한다.

콘스탄티누스 이후 527년 즉위한 황제 유스티니아누스는 로마의
계승자이며 신의 대표자로서 종교와 정치의 전권을 가졌다. 하지만 몇 번의
반란에 직면하면서 자신의 권위를 확고히 할 대성당의 건축을 추진한다. 사실
비잔틴 제국의 영화를 보장하고, 속세의 왕을 위한 거대한 대성당은 그의
선대였던 콘스탄티누스 때부터 이미 시작되었다. 콘스탄티누스는 330년경
성 베드로 대성당의 원형을 건설하였고, 베들레헴의 탄생 성당, 예루살렘의
성묘 성당 등 제국 각지에 성당을 건설하게 한다. 이러한 성당은 예술적 노력과
직접적인 이데올로기적 계획으로 건축되었고, 아들 콘스탄티누스 2세를 거쳐
527년 왕위에 오른 유스티니아누스에 의해 계승·발전된다. 성당의 축조는
분열되어 있던 동방 기독교분파의 통합과 신앙의 열정을 공고히 할 수 있는
기회이기도 했다.

더불어 새로운 건축으로 새 시대의 양식을 확립하고자 한
유스티니아누스의 열정은 기존에 없던 교회의 모습을 탄생시켰다. 교회는
정사각형으로 지어져 건물의 중심은 동쪽 끝 성소가 아닌 중앙의 높은 지붕과
하늘을 중심으로 한다. 이전에 그를 감동하게 만들었을 로마 판테온 신전의
원형 돔은 콘스탄티노플에도 로마 건축 양식을 도입하게 만들었다. 그는

서로마의 판테온을 능가하는 위대한 건축을 원했고, '그리스적 요소가 살아 있는 비잔티움'이라는 풍요로운 장소적 배경은 그의 야심 찬 계획의 실현을 도와주었다.

532년, 로마의 축조 기술에 풍부한 색채와 모자이크 등 동방 문화의 장식적 요소를 도입한 새로운 양식의 웅대한 성 소피아 대성당은 당시 건축 기술로는 기적에 가까운 건물로 지어진다. 이전 콘스탄티누스 시절부터 존재했지만 지진으로 파괴된 건물을 기존의 로마식 바실리카(Basilica) 양식과는 전혀 다르게 재건하였다. 성당은 지상 58미터의 높이에서 지름 30미터의 거대한 돔으로 하늘의 지붕을 만들었다. 실로 판테온을 넘어섰기에 유스티니아누스는 자신이 솔로몬을 능가했다는 만족감에 흥분하여 537년 12월 27일 400명의 성직자들과 함께 중앙의 황제의 문을 통과하여 헌당식을 치른다.

우주가 된 공간

로마 양식의 사각형 구조체에 놓인 거대한 돔은 그 주위로 두 개의 반원 돔을 가지고, 다시 각각의 주변 돔과 아치를 가진다. 이 거대한 돔은 로마 문명의 콘크리트 기술과 벽돌을 사용했던 페르시아 문명의 결합으로 다양한 크기와 색깔의 예술로 승화한다. 성 소피아 대성당은 오늘날의 건물처럼 구조체를 먼저 세우고 대리석을 덧붙이는 공법이지만 물질적 특성은 사라진 듯 벽은 얇고, 모든 것을 평평한 것처럼 미끄러지게 설계하였다.

50미터 높이의 로마 판테온이 거대한 하나의 돔만을 가진 것과는 달리 성 소피아 대성당은 가운데 돔을 중심으로 작은 복합 돔을 구성하여 원의 고정적 구조를 다양한 구조로 느껴지게 한다. 동시에 하중을 외부 버팀벽으로 전달하여 거대한 돔을 가진 높고 넓은 홀이 될 수 있게 하였다. 하지만 대성당 각층의 양쪽 반원 돔의 벽면으로 연결된 회랑과 기둥의 열주들은 중앙 홀의 벽체를 비어 있는 벽면처럼 보이게 한다. 이를 통해 중앙 부분으로부터 분리됨으로 돔의 내부는 훨씬 더 깊고 무한한 공간감을 가지게 된다.

복합 구조의 돔 천장
여기저기서 빛을 받아들이고 내뿜게 하는 황금빛
모자이크는 우주와도 같은 초차원의 구조를 구축해
낸다.

비잔틴 양식의 기둥
호화롭게 반짝이는 투조된 장식은 비정형적이고
초월적 형태로 느껴져 공간적 운동감을 끊임없이
창출한다.

지상의 모든 건축을 넘어서는 가장 거대하고 위대한 건물을 원한 유스티니아누스의 성당 설계는 건축가인 동시에 수학자이자 물리학자인 안테미우스와 수학자인 이시도루스에게 맡겨진다. 황제는 두 건축가에게 설계비용으로 백지위임장을 지불한다. 이들이 가진 수학적·기하학적 그리고 형이상학적 지식은 황제가 지상에서 누릴 하늘의 위업에 부응한다. '성스러운 지혜'란 의미를 지닌 성 소피아 대성당은 사각형의 기하학적 구조 위에 반원 돔·곡선·아치 등이 복합적으로 쓰였고 호화롭게 반짝이는 이국적 장식의 과잉이 갖가지 색깔과 문양의 환상적 대리석 사용과 결합하여 비잔틴 건축의 미덕이 된다. 텅 빈 거대한 돔의 내부는 이 모든 것이 모여 있음으로 비정형적이고 불규칙적인 동시에 초월적 형태로 보인다. 완벽한 기하학적 대칭 구조를 아름다운 형식으로 생각했던 로마의 건축과는 달리 돔 속에서 구현되는 각각의 이미지들이 공간 속에 공간을 새로이 창조하고, 다각적으로 조망되게 하여 사방의 방향을 결여시킨다. 복합적이고 중첩된 공간적 운동감이 끊임없이 창출되도록 한 구조적 신체 속에 내재된 비구조의 정신적 영역을 보는 듯 우주와도 같이 모순적인 초차원의 '구조화된 무(無)'를 구축해낸다.

이와 더불어 구멍 뚫린 듯 투조된 기둥과 흐르는 문양의 대리석 벽 사용, 천장의 황금빛 반사 모자이크 등은 내부 공간을 질량의 중량감이 체감되지 않는 부유하는 듯한 신비한 비물질적 공간이 되게 한다. 크고 작은 돔들이 상호 관입하여 공간을 유동적이고 모호한 상태로 만들어 심오한 영적 느낌을 자아내는 기독교적 신의 공간, 즉 우주가 된다.

그 시대의 사람들이 성 소피아 대성당을 "마치 아무것에도 지탱되지 않은 것처럼" "천상의 금사슬로 엮어 내려진 것처럼"이라고 묘사했던 바와 같이 공간에서 물질적 특성을 제거하여 하나의 거대한 영혼이나 정신으로 느껴지게 만들었던 것이다. 이로써 성 소피아 대성당은 종교적 열정을 일으키고, 초월적인 신의 현신을 느끼게 하는 동방 기독교의 상징이 된다.

외부가 없는
내부

피라미드가 외부의 완전성을 추구한 건축이라면 성 소피아 대성당은 신과도
같이 스스로 존재하는 내부를 가진 가장 광대한 우주의 완성을 이룬 공간이다.
아리스토텔레스의 공간론에 의하면 우주는 외부를 갖지 않으며 존재자들로
충만하게 꽉 차 있는, 오로지 우주 속의 개별 사물들만이 모여 있는 장소이다.
이러한 우주관에 입각한다면 성 소피아 대성당은 외부 없는 무한한 신적
내부의 공간이다.

　　　본래 첨탑은 없었고, 거대한 돔을 받치기 위한 유난히 크고 높은 외벽
등으로 인해 건물의 외관은 불균형적인 개별 벽의 조합들로 조화롭다고
말할 수 없었다. 뿐만 아니라 가까이에서는 전체의 외관을 체감하기 힘들고,
멀리서 보는 외형은 찬란한 내부와 대조적으로 장식 하나 없는 붉은 석회의
평범한 벽일 뿐이었다. 자연의 언덕 위에 놓여진 둥근 돔들의 조합은 마치
건축적 형태는 없는 언덕 위의 또 다른 언덕 같다. 성 소피아 대성당을
모방하여 후대에 세워진 블루 모스크는 여섯 개의 첨탑과 푸른 타일로 치장된
형태지향적 내외부를 가져 일견 소피아 성당과 닮은 것 같으나 한편으로 전혀
다른 수준의 건물이다.

　　　그리스 철학을 계승하여 중세 유럽의 스콜라 철학자들에게 영향을 준
11세기 이슬람 철학자 알 가잘리는 '물리적 공간은 무한히 하나로 통일되어
있는 공간이고, 모든 것을 하나로 담아낼 수 있는 무한한 우주관'을 피력하였다.
이것이 주는 내부의 자족성은 우주가 그렇듯이 외적인 대상 세계의 지평을
갖지 않음에도 무한히 확장되며 더할 나위 없는 크기가 된다.

　　　우주가 외부를 갖지 아니하듯 자신의 내면에서 자신을 넘어서라는
그리스도교의 철학처럼 스스로 무한한 내부를 가진 성 소피아 대성당의
내부는 외부의 자연을 향해 열려진 다른 건물들과는 다르다. 빛을 끌어들이는
것 외에는 내부에서 외부 자연의 모습은 그 어디에서도 볼 수 없어 '외부
없는 내부'가 된다. 이곳의 금빛 색채는 존재를 파묻고, 빛으로 변모케 하는
형이상학적 빛이다.

바다에서 보는 외관
원래는 탑이 없었던 외관은 마치 땅이 솟아오른 듯
붉은 석회의 평범한 언덕처럼 건축적 형태를 가지지
않은 언덕 위의 또 다른 언덕 같다.

블루 모스크
형태지향적 내외부를 가져 성 소피아 대성당과
비슷해 보이나 전혀 다른 수준의 건물.

성모 마리아와 아기 예수
엄격한 듯 현실을 초월한 실재로 간주되는 느낌의
빛은 비잔틴 예술의 표상적 근거가 된다.

초기 교부 철학자들에게 그리스도교의 신은 일자와 하나인 것을 넘어 세계의 저편에 있지만 세계는 신과 관계가 없는 것이 아니었다. 신은 물질을 초월해 있지만 이 세계는 신의 빛이 반사된 것으로, 물질로서 존재하는 '신의 발자취요, 신에게로 나아가는 길'이었다. 이 세상은 신의 피조물로서의 원형이며, 그 질서와 구성 법칙을 알 수 있게 하는 것이기 때문이다. 신의 비춤을 통해 진리가 하느님으로부터 정신에 비춰진다. 즉 신은 유일성을 가진 무한이 완전하고 영원하며, 존재를 통해 비춰 주는 자인 것이다.

태양빛은 내부의 어둠과 대조를 이룬다. 어두운 내부에서 빛을 품을 수 있는 황금 표면은 반사광을 내뿜었을 때 가장 아름답게 빛난다. 마치 신의 빛을 되비추는 듯 반사광을 뿜을 수 있는 이상적 방법이 모자이크였던 것처럼 성 소피아 대성당은 신으로부터의 빛을 표현하기 위해 특별한 유리와 함께 금을 사용했다. 1센티미터의 작은 조각으로 거대한 내부를 채운 모자이크 무늬들은 원형의 곡선을 이루는 돔을 다각으로 반사시키고, 빛나는 면으로 인해 어두운 곳에서 수많은 빛과 화려한 색채로 환상적인 단순성을 표출한다.

돔 아래로 고대 7대 불가사의 중에 하나로 알려진 고대 도시 에페소스의 아르테미스 신전에서 가져온 물을 흘려 내리는 듯한 모습의 기둥들과 성당의 벽을 치장한 녹청색 물결무늬의 대리석은 살아 숨 쉬는 거대함의 혈맥처럼 건물 전체의 벽과 기둥을 춤추듯 흐르게 한다. 서로 흘러들어오고 나오는 유동성의 무한한 색채들과 밝은 동시에 어두운 명암의 빛을 동시에 나타낸다. 이러한 소피아의 반사광은 '세계의 근거는 세계 그 자체 안에 있는 것으로, 세계는 영원하고 무한하기에 그 자체를 설명하기에 충분한 것'이라고 생각했던 그리스도교적 이성의 신앙을 대변하는 듯하다. 유스티니아누스의 궁정 시인 파울로스 실렌티아리우스는 "성 소피아 대성당은 스스로 빛을 낸다. 자신의 중심으로부터 신적인 지혜의 태양으로부터 빛을 낸다"고 하였다.

하늘의 영원한 진리는 깊은 천공의 거대한 홀을 둘러싼다. 깊은 벽체의 작은 창을 통해 들어오는 집중적인 빛은 금빛 모자이크에 의해 작게 부서지고 산란하는 황금빛으로 변모한다. 마치 황금 모자이크 내부에서 스스로 빛을 창출하여 우주의 빛나는 별처럼 내부 세계를 찬란히 구축하며 광대하게 완화되어 일자를 넘어선 하나로 통일된다.

이스탄불의
미소

비잔틴 제국의 영광이 지나고 콘스탄티노플 동로마와 서로마는 성상 숭배에
대한 이견으로 서로에 대한 파문으로까지 나아가 가톨릭과 그리스 정교회로
동서 분리되는 극한 상황으로까지 치닫는다. 콘스탄티노플이 셀주크 튀르크에
점령당하자 성지 탈환의 명분으로 십자군이 동쪽으로 파병된다. 1096년 1차
십자군의 원정을 시작으로 1204년 베네치아의 지원하에 출발한 4차 원정은
동방 기독교의 수도 콘스탄티노플을 함락시킨다. 무자비한 함락 뒤 성 소피아
대성당에는 승리의 궁륭 아래 전리품들이 신의 축복인 것처럼 쌓인다. 2층
갤러리에 있는 예수와 성모, 세례 요한의 맞은편에 베네치아 역사에서 가장
위대한 인물로 칭송 받는 십자군 사령관 엔리코 단돌로의 무덤이 있다. 이로써
그리스 정교회는 로마 가톨릭의 지배하에 놓인다.

　　성당 앞부분 천장에는 금빛 모자이크로 장식된 성모 마리아와 품에
안긴 아기 예수가 있다. 엄격하고 근엄하여 현실을 초월한 듯한 표정 뒤에는
상징적이고 초월적인 후광이 빛난다. 초월적 실재를 간주하는 느낌의 빛은
비잔틴 예술의 표상적 근거이다. 신의 강렬한 후광 아래 영광을 누리며, 돔과
궁륭에 피복하며 장식되었던 성스런 모자이크는 8세기경 성상 파괴자들에게
파괴되었다. 콘스탄티노플은 1453년 오스만튀르크의 술탄 무하마드 2세로
주인이 바뀌자 '이스탄불'로 그 이름을 바꾸고, 마치 찬란한 종교적 책무를
다한 듯 죽음 같은 회벽 속으로 잠식되며 사라진다.

　　기독교의 빛을 은폐하려 한 흔적과 곳곳의 이슬람 무늬와 장식들은
또 다른 종교적 고뇌의 농도를 지니고 있다. 고통과 치열함을 감내한 인간
영욕의 성소는 메카를 향하고 예술적 상호작용을 발화하며 새로운 이에게
또 다른 기쁨으로 대치된다. 보석과도 같이 촘촘히 장식되었던 화려함은
이미지를 그리는 것을 금한 『코란』의 가르침에 따라 인간이나 동물이 아닌
아라베스크 문양의 간결하고 장식적인, 이슬람의 우수가 배어 있는 외피로
씌워진다. 몇 세기를 지나 무덤 같은 회벽 속의 어둠을 뜯어내고 다시 부활한
기독교 성인들은 이슬람 신과 함께 공존하며, 옛 영화의 기억을 더듬는다. 금빛

돔 천장
여기저기서 원형의 곡면을 이루는 황금의 돔은 빛을
다각도로 반사시키고, 빛의 향연으로 이어지는 신의
자취는 끝없이 내부 세계를 이어지게 한다.

모자이크의 신비한 파편들은 뜯겨지고 덧입혀졌지만 그 자체로 아름답다.

완전함이 크기로 재단되는 고대적 위용 속에서 성당 둘레에 추가된 네 개의 미나레트Minaret는 성 소피아 대성당을 더욱 거대한 모스크로 탈바꿈시킨다. 기독교 성당을 중동식의 모스크로 만든 장치임에도 화해를 상징하는 것처럼 극적인 조화를 이루며, 외관으로도 더 아름답고 위대한 모습이 된다. 이슬람 건축의 백미인 모스크는 이후 성 소피아 대성당의 형태를 따라 이슬람 건축 양식의 전형을 이루고, 동양적이고 추상적인 형식의 기하학적 환상 세계는 비잔틴 지방 특유의 요소들과 결합하여 로마네스크 건축을 만들어낸다.

지금은 박물관으로 변한 성 소피아 대성당은 오히려 아무것도 신봉하지 않는 비종교적 장소로 변하여 모든 것이 합하여져 중화된 인간 본연의 욕망과 신성성에 온전히 되비쳐진 종교적 공간으로 남았다. 고요히 연결되며 중화된 경건함은 이스탄불의 미소로 화답한다. 사랑도 증오도 열망도 없으며, 모든 종류의 기질로 기꺼이 융합된 내부는 마치 동서가 융합된 이스탄불의 도시와 같다. 이는 모든 존재를 하나의 거대하고 통일적인 구조로 끌어 모으며, 그 크기를 가늠할 수 없는 상태 속에 인간을 놓아둔다.

성당의 내부는 미적 손실과 파괴와 덧칠에도 미동조차 하지 않고, 움직이지 않는 보스포루스 해협처럼 검고 깊은 소용돌이를 안으로 품고 고요히 존재한다. 심연의 우주 같은 빛의 공간은 건물체로 인해 존재하나 건물이 빛을 만들어냄으로 스스로 형태는 사라지고 빛만 남은 공간이 된다. 우리는 사라짐으로 비실제적 무한함으로 진보한 그곳에서 무한한 자유로움 속에 황금의 빛으로 완결된 인간의 기적 같은 경지를 체감한다. 찬란한 하늘의 영광과 무한한 지옥의 심연을 거쳐 모든 것이 지나간 시간들은 창문으로 쏟아져 들어오는 빛들과 천장에 매달린 금빛 등불들과 함께 공간을 축수하며 짙은 향수를 뿜어낸다.

△

바위의
돔

바위의 돔 외관

아브라함의 바위 위에 세워진 성전으로 팔각형의
기하학적 건축이나 부유하는 듯 떠 있고 천상의
빛만을 발한다.

예루살렘 바위의 돔
우주의 원리를 기하학적이고 수학적으로 지각하여
지어진 형상 없는 유일신의 신전은 절대적 믿음의
반석 위에 완전한 신의 빛으로 거한다.

광장 입구의 문
계단의 입구에 없는 듯 지어진 아치 형태의 문은
짓다 만 미완성처럼 텅 빈 광장과 함께 신비한
공간을 만들며 지상과 천상의 조화를 이룬다.

빛이 된 신의 말씀이 하늘로부터 내려와 관념과 형상은 영혼에서 축출된다. 믿음의 시조 아브라함은 일찍이 솔로몬이 봉헌했던 예루살렘의 모리아산 정상에서 자신의 아들 이삭을 하느님께 제물로 바친다. 제단으로 쓰였던 바위는 성전이 지어지기 전부터 이미 성스러운 바위였고, 인간이 만든 성소 하나 없이도 그 자체로 신성한 장소였다. 솔로몬이 지은 유대인들의 첫 석조 신전이 파괴된 후 헤롯^{Herod}왕 때 다시 지어졌지만 기원후 70년 로마에서 일어난 유대인의 폭동 이후 지금의 '통곡의 벽'만 남기고 완전히 사라지게 된다. 그리고 로마인이 세운 제우스 신전 역시 무너지고 다시는 복원되지 않았다.

7세기 이슬람인들에 의해 황금의 돔으로 지어진 '바위의 돔'^{Dome of the Rock}이 건축되기까지 어쩌면 이곳은 아무것도 없는, 신전 없는 성소로 남아 있어야만 할 운명이었는지도 모른다. 그러나 형상 없는 신은 '형상 없는 건물'의 건축을 허락하신다.

사라지는
기하학의 성전

135년경 로마에 의해 유대인들이 예루살렘에서 추방된 이후 이 도시는 십자군 원정 때를 제외하고는 아랍 민족의 고향이자 영토였다. 638년 이슬람의 지도자 마호메트의 후계자인 2대 칼리프 오마르^{Omar}가 예루살렘에 무혈입성한 후 예루살렘의 상징인 모리아산의 바위는 마호메트의 것이 된다.

685년, 칼리프 아브드 알 말리크^{Abd al Malik}는 예루살렘을 이슬람의 영원한 상징으로 만들기 위한 설계에 들어간다. 때맞춰 마호메트의 설화가 유래 없는 힘을 가지고 등장한다. 마호메트는 생전에 메카로부터 '부라크'라는 백마를 타고 하루 만에 이곳 예루살렘으로 날아왔다. 그리고 이 바위 위에서 하늘로 올라가 알라를 만나고 천상 여행을 한 뒤 다시 새벽이 오기 전 메카로 돌아간다. 죽기 전 다시 이곳으로 온 그는 빛의 사다리를 타고 하늘로 승천했다. 승천한 그의 발자국이 바위 위에 찍혀 있다. 천상 신화에 대한 신도들의 믿음은 바위만큼이나 굳건하고, 발자국만큼이나 선명해졌다.

이슬람의 모든 통치자들은 비잔틴 제국과 같이 종교와 행정을 함께 주관하는 절대자였다. 금욕적이었으나 실리적이었던 칼리프는 다마스쿠스를 수도로 정하고, 문화적으로도 비잔틴의 그리스도교 문화를 능가하는 이슬람의 권위를 보여주길 원했다. 이슬람인들은 주변의 예수 성묘교회를 능가하는 웅장하고도 찬란한 예루살렘의 황금빛 건축물을 축조한다. 1만여 장의 황금판으로 지붕을 덮고, 인근 이집트에서 7년 동안 걷은 세금을 다 쏟아 부어도 영광된 건축물을 짓는 일에 아무도 이의를 제기하지 않았다. 이로써 강력한 이슬람 원리에 따른 형상 없는 유일신의 건물이 축조된다. 절대적 믿음의 반석 위에서 완전한 신은 빛으로 거하게 된다.

우주의 메커니즘을 기하학적이고, 수학적으로 지각했던 그리스 철학의 영향은 이슬람 철학의 지적 토대를 형성한다. 당시 바빌로니아 천문학자들은 천체의 운동을 기하학적인 모델의 수학적인 방법을 통해 지구를 중심으로 한 거대한 원인 천동설을 제기하였다. 행성은 주전원의 중심이 '동시심'이라고 부르는 점을 중심으로 일정한 속도로 원운동을 하고 있다고 가정하였다. 전체적인 원주를 중심으로 동일의 자체적 중심을 향해 도는 오늘날의 천체 운동과 비슷한 이중원심이다. 자연법 너머 신의 법칙을 기하학적 구조로 설명했던 아리스토텔레스의 천동설 이전인 2세기에 이미 일식·월식을 알아내는 방법을 설명한 것이다.

유럽에서는 15세기에 이르러서 아리스토텔레스의 법칙을 따라잡을 수 있는 선구자였던 프톨레마이오스가 물질 세계의 구조를 정립한다. 그것은 신의 _{Ptolemaios} 법칙으로 유도되어 실제 세계로부터 완전히 초연한 정신의 구도를 만들어낸다. 인간의 행동이 항성과 행성의 영향을 받는다고 생각한 그는 행성 운동의 수학적 개념과 상징을 외관적인 정밀한 균형으로 풀어내어 설명하는 기하학적 모델을 만들어 실제적이지 않은 가상과 비형상의 절대적 상징이 된다. 기하학적 이념의 절대성은 해체적인 것과 반대에 있음으로 절대적 신의 존재로 선명한 이념을 제공할 수 있었고, 형상을 배제하는 이슬람교에서 완전한 정신의 질서를 만들 수 있는 최적의 도구로 쓰여진다.

예루살렘의 가장 성스러운 곳에 천상의 황금빛으로 떠 있는 바위의 돔은 정신적 질서인 사각형, 팔각형과 원이 합쳐진 기하학의 건물로 하늘과

기하학적 외관

정신적 질서인 사각형과 팔각형, 원이 결합된
기하학의 건물로 푸른색의 모자이크로 하늘과
연계되어 빛만 있는 건축이 된다.

바위의 돔 내부

초월적 장소가 된 원형의 바위는 닫힌 듯 보이는
건물의 외벽을 내부에서도 끌어들여 가상의 구획을
이룬다.

같은 색인 푸른색 모자이크로 존재한다. 인간은 무한한 신과 연계된 창조의 영역인 광대한 하늘 공간에 신전을 세운다. 비잔틴식 순교 사원과 로마 비잔틴식 영묘 건축의 양식에 이슬람 양식을 결합한 이 건물엔 영묘가 없다. 천상으로 올라간 마호메트이기에 모스크이기보다는 순례자를 위한 성스러운 사당과 같은 것이다.

바위의 돔은 아무것도 없는 벽 위로 빛을 차단하기 위해 빈 공간의 중심에 검은 비단 천만 덮은 형식으로, 메카에 있는 이슬람교의 성전 카바와도^{Kaaba} 비슷하다. 카바 안에 있던 흑석은 원래 흰 보석이었는데 수많은 참배자들의 손때를 타 검게 변했다고 한다. 빛나는 흰 돌은 최초의 인간인 아담이 신에게 용서를 받았다는 표식으로, 아담은 그 주변을 일곱 번 돌고 그 위에 카바를 세웠다고 전해진다. 흑석은 카바 입구의 옆 벽에 숨겨져 있다. 세계 최초의 건축이자 최초의 성소로 여겨지는 이유이가 바로 이 때문이다.

아브라함의 바위 위에 세워진 바위의 돔 역시 카바와 같은 건축으로, 팔각형의 벽은 건물 하단부의 백색 대리석과 대비되는 푸른 상부로 인해 하늘과 섞여 존재하지 않는 건물이 된다. 오직 황금의 빛만이 비추게 되는 가상의 도상이다. 그러나 빛은 실체가 없기 때문에 신으로 상징되는 빛만 있는 건물은 사실은 아무것도 없는 건물이다. 물질이 아닌 빛의 굴절로 시각화되어 존재하는 황금의 돔은 비물질의 색으로 만들어진 신의 빛이다.

볼 수 없는 실재성은 야훼가 "나는 눈으로 볼 수 없는 빛"이라고 한 것처럼 이슬람의 항구적 기호와 의미를 이룬다. 기하학의 불이 점화된 그 속에 유일신의 상징이 있다. 모든 것이 없어지며 오직 신인 하나의 빛만이 존재하는 광경은 신 앞에서 복종이란 의미를 갖는 이슬람의 기치와도 일치된다. 신이 존재한다고 할 때 왜 그 신을 믿어야만 천국에 갈 수 있는지에 대한 의문은 생기지 않는다. 아브라함이 모든 질문을 뒤로하고 자신의 아들 이삭을 죽임으로 신 앞에 복종하고자 했던 바위의 표상에 부합하듯 무슬림들의 죽음을 결정짓는 절대적 믿음 아래 얼마나 잘 믿고 복종하느냐가 존재를 결정짓는다.

유대교와 이슬람의 신은 본질과 존재를 초월한 자로 무한한 시간에 앞서 존재하나 자신으로부터 사물이 생겨나게 한 창조의 신이기에 세상의 모든 사물은 신으로부터 유출되어 나왔다. 그러므로 신에 관여한 사물의 모든 활동은 신 안에서의 영원한 안식으로 나아가야 하는 것이다. 신의 정신 안에서 영혼의 움직임은 의지이고, 이 의지는 개인의 자유에 바탕을 두고 있다고 생각하였다. 피조물로서 모든 의지는 신에게 의지하고, 신에게 그 존재를 기대어 있기에 신의 정신 안에 있지 않다면 선^善으로 나아가 행복을 얻는 일은 불가능해진다. 그러기에 먼저 믿는 것이 중요했다. 모든 투쟁과 노력은 주이신 신 안에서의 영원한 안식으로 나아가는 것이다.

지상에서 경험하는
천상의 평화

마호메트가 승천하며 발자국을 내었다는 믿음만으로 신과 일치되는 초월적 장소성과 의미가 부여된 이 바위는 더욱 천상의 바위로 신성시되고 있다. 바위는 동서남북 네 방향과 정확히 일치되는 네 개의 문의 중앙에 위치하여 원과 세상의 중심을 이룬다. 마치 우주의 원형 구조처럼 바위의 둘레를 아치의 열주들이 두르고, 그 뒤 다시 아치의 열주들로 회랑을 만든다. 전체의 이중 회랑을 팔각의 벽이 외벽으로 감싼다.

두 겹의 회랑으로 된 빛의 내부는 기하학적 기둥의 접점들과 원형과 팔각형을 가로지르는 사각 면들의 수학적 선들로 완전하게 움직이고, 확고한 믿음의 반석을 이루는 유동적 원형 바위는 초월적 장소로 부각된다. 원에서 시작된 운동감은 닫혀진 듯 보이는 건물의 외벽을 내부에서도 전체의 통일을 이루는 외벽으로 끌어들인다. 보이지 않는 듯한 구획이 가상의 공간으로 구현되어 엄밀한 상징을 이룬다. 외부와 차단된 팔각의 외벽도 모자이크 창살들 사이로 빛이 들어오면 내부의 풍부하고 화려한 추상적 모자이크 장식이 "모든 것에 존재한다"는 신의 말씀과 함께 있는 듯 없는 듯한 빛으로 싸여진다.

각기 거룩한 지점에 자리한 듯 기하학적 교차점에 자리한 기둥들은 신도들을 신의 빛 속에 감싸서 움직이듯 사라지며 나타나 신비한 종교적 체험을 일으킨다. 투명한 유약이 발린 희고 푸른 타일은 빛과 하늘로 흡수되는 내외부의 벽들을 투명한 본질로 형태에서 완전히 벗어나게 한다. 그 본질은 견고하고 절대적이지만 동시에 완전히 흩어지는 대상이 되어 신의 통일된 질서에 맞추며 정리하는 완전함으로 우주와 합일을 이루고 자신은 사라진다. 빛만이 하늘 위에 찬란히 빛난다.

　　　사방이 벽으로 막혀 있고 모스크와 함께한 성스러운 공지에 들어서면 이슬람의 긴 여운을 남기는 경전 읽는 소리와 함께 외부의 모든 소리는 멀어지고 내외부가 함께 통한다. 아치의 회랑으로 연결된 큰 수평 공간의 모스크는 모든 것이 비어 있는 빛도 어둠도 아닌 그늘과 바람의 수평 공간으로 침묵을 넘은 기운이 감돌고 돔의 황금빛과 결합하여 지상에서 경험할 수 있는 천상의 평화를 느끼게 하였을 것이다.

완전성과 비완전성을 동시에 가진 신의 형식

신은 스스로 나타내는 초월적 상징 속에 자신을 계시한다. "나는 스스로 있는 자다"라는 말로 자신의 존재를 설명하는 신은 자기 자신이 존재의 근원이자 원인이 된다는 것을 선언한다. 모든 사물이 신과 똑같이 영원한 것은 아니다. 신은 스스로는 아무것도 섞여 있지 않은 순수한 것이기에 초본질적이고, 초존재적인 자로서 무한한 시간에 앞서서 존재하기 때문이다.

　　　사물은 신에 관여하나 신은 사물에게 관여하지 않는다. 자기 자신이 존재하기 위해 다른 어떤 근원이 필요치 않는 존재인 신은 그 원인의 요구에 충족하는 한 현존한다. 현존하는 완전함으로 설명되는 신의 공간은 스스로 자신을 창조했듯 스스로 완전해야 한다. 작열하는 중동의 태양이 비치면 더욱 맑게 빛나는 황금의 돔에서 신성을 상징하는 빛은 원천만이 자리하는 빛이다. 빛 아래 사라지는 기하학의 우주 신전은 세계에 대한 완전하고도 절대적인 신의 존재를 명징하게 보여준다. 그것은 형상도 없고 보이지도 들리지도 않는 절대적인 빛이다.

　　　시공간에 앞서 절대성으로 상징되는 이곳에서 삶은 종교와 세속이

광장과 바위의 돔
투명한 유약의 희고 푸른 타일은 외부의 벽들을
투명한 형태로 만들어 흩어지는 대상이 되고,
정리하는 완전함으로 우주와 합일을 이룬다.

공중에서 본 바위의 돔
낙원의 숲 속에 자리하고 텅 빈 광장의 중심에
거하는 신의 건축으로 천상의 평화를 경험하게 한다.

병치되는 것이 아닌 완전하고 거룩한 내세만을 위해 강력하게 작용한다. 다른 세계를 꿈꾸는 거대한 환상은 우주의 중심에서 빛나는 빛에 이끌린다. 지상의 고단한 삶은 천국에서 받을 영광과 비교되지 않는다. 무슬림들에게 보장된 천국은 그 자체로 궁극적인 장소로 땅과는 다른 우주에 존재하는 영역이다. 이 영역에서 신의 백성은 삶의 전체가 빛을 받는 순간 이미 천국에 도달한다.

아무 형상 없는 모든 내용에 대한 거부는 이슬람의 원리주의적 단면으로 존재의 숭배가 아닌 비존재의 숭배를 찬양한다. 형상 없는 것을 따른다는 것이 예기치 않게 미로 나타날 때 그 공함은 더욱 아름답고 신성한 효과를 낸다. 이슬람교는 여타 종교와 달리 성직자나 성인의 중재 없이 신에게 직접 예배드릴 수 있고, 제식 행위가 이루어지지 않는 텅 빈 공간들과 모스크를 둘러싼 일반적인 사각형의 빈 땅은 성스러움의 다른 표현이 된다. 모스크는 '공공예배를 위해서 분리된 장소'라는 뜻으로 메디나의 마호메트 사원을 기반으로 한, 사방이 벽으로 둘러싸인 평화의 장소이다. 스페인의 코르도바 모스크, 튀니지의 카이로우안 모스크, 다마스쿠스 모스크 등은 수평의 넓고 긴 아치의 회랑으로 연결된 거대하고 단일한 수평의 공간만으로 장대한 그늘과 바람을 제공한다. 성직자가 아닌 공동체의 지도자에게 설교를 들을 뿐 신과 전면으로 직접 대면하게 하는 그 그늘 속에 모든 지식을 뛰어넘는 영적이고 정관적인 평화의 장소는 실체감을 잃어버린다.

형상과 가상을 초월한
형상

서양의 건축 역시 기원부터 이슬람 미술은 '여백 공포증' '성스러운 글씨' '기하학적 무늬' '장식적 부속물' 등의 특징을 통해 채워지고 닫힌 것의 아름다움만이 아닌, 닫혀 있음으로 비어 있고 열려 있는 공간을 지향했다. 하지만 완전함의 형식은 완전함과 신성함만으로는 불충분하다. 완전함은 여백과 미완성의 불완전성을 같이 갖춤으로 이루어진다는 것은 완성되지 않은

빛나는 돔
건축적 대상은 투명한 듯 사라지고 빛만이 하늘
위에 찬란히 빛나며 천상의 평화를 가늠하게 한다.

코르도바 모스크 내부
아치의 회랑으로 연결된 거대한 수평 공간의
모스크는 모든 것이 비어 있는 빛도 어둠도 아닌
그늘과 바람의 공간이 된다.

119

영역을 신의 영역으로 부여하며 무한으로 확대하기 때문이다. 신격을 내뿜는 신성은 무한으로 열린 여백을 남기는 공함과 마주할 때 드러난다. 채워지지 않은 공함의 성스러움은 말 없는 고요함과 무의도적 무한함, 그 자체로 미와 신성함을 차지하는 초월적 여건을 제공한다. 메카의 방향만이 존재하는 텅 빈 모스크 안에서 눈은 자연히 비어 있는 공간과 없는 듯한 장식의 벽만을 바라본다. 모든 내용물에 대한 거부는 확장을 향한 긍정적 의미를 갖는다. 일반적으로 거대한 건물이 비현실적이고 초월적인 느낌을 자아내는 것과 달리 건물 폭 40미터, 외벽 높이가 9미터밖에 되지 않는 바위의 돔 사원은 마치 천국의 입구를 상징하듯 푸른 숲으로 둘러싸인 광장의 여백과 빈 하늘이 함께함으로 거대함을 이루어낸다.

광장으로 올라서는 계단의 입구에 없는 듯이 지어진 아치 형태의 문은 짓다 만 미완성처럼 서 있어 텅 빈 광장과 함께 신비한 공간을 만들며 지상과 천상의 조화를 이룬다. 상징은 마음이 순수 경험적인 것을 초월할 수 있는 유일한 길이다. 계단 위 하늘을 배경으로 사라진 푸른색 벽 위로 오로지 중심의 빛만이 떠 있는 기하학적 건물은 형상과 가상의 초월을 이룬다. 인간은 해방된 피조물로, 완전하게 비워진 건물과 함께 자신을 비우고 소유하고 있는 것은 바위뿐이다. 이 바위는 원래부터 그 자리에 있던 것이고 마호메트의 발자국은 흔적에 불과한 것이기에 소유하고 있는 것 없이 영원을 소유한다.

행복한 빛이 산언덕 아래로 비춘다. 바위에 귀를 대면 낙원의 강이 흐르는 소리가 들리며 주변의 빈 돌산에는 고루 퍼지는 햇빛들이 흡수되어 청명한 대기 속에서 서로의 고뇌가 묻어 있는 대지와 성벽들을 평화롭고 따뜻한 온기로 비춘다. 빛으로 환해진 이곳의 신성함과 고요함은 그 어느 곳에서도 볼 수 없는 우아함이 되어 그 자체로 미적이고 종교적인 경험이 되게 한다. 종교와 전쟁의 땅에서 이슬람의 신이자 유대인의 동일한 신인 야훼의 성전에 태양이 비친다. 성전은 예루살렘을 구심점으로 시간 이전의 영원처럼 선명하게 빛나고 있다.

△

황금의 돔
고요한 단일 외관은 텅 빈 마당과 함께 그 자체로
미와 신성함을 차지하며, 잔잔한 장식의 푸른
벽만으로 벽이 아닌 듯 가상으로 영원을 소유한다.

알람브라 궁전

궁전의 연못 중정

지중해 연안의 푸른 하늘과 온화한 햇살 속에
천상의 향기인 듯 물소리가 궁전 전체를 감싼다.

사자의 정원
흘러내리고 솟아나는 물의 리듬과 닮은 열주의 가는
기둥 장식들 사이로 가벼움의 시각적 효과와 음향적
장치들은 빛과 그늘의 이미지로 연계된다.

태초에 신은 메소포타미아에 존재했다고 전해지는 정원을 창조했다. 신이
창조한 정원인 에덴 동산은 향기와 기쁨이 가득한 평화로운 곳이었다. 인간은
신에게 늘 불가능한 것을 바랐지만 정원의 창조만은 신의 힘을 빌리지 않아도
가능한 것이라 생각했다. 그래서 인간은 아시리아 시대부터 끊임없이 신비함과
아름다움이 넘치는 전설적인 낙원을 재창조하려 하였다.

지중해 연안의 푸른 하늘과 온화한 햇살 속에서 모든 쾌락을 누렸을
중동인의 낙원 알람브라^{Alhambra} 궁전은 스페인 안달루시아의 그라나다에 만들어진다.
페르시아 샘가의 오렌지 향기가 바람에 실려 천상의 향기인 듯하며, 조용히
샘솟는 분수 사이로 들려오는 물소리가 하늘을 향해 직선으로 뻗어 올랐다
다시 삼나무 아래로 떨어진다. 신으로부터 유출된 듯한 세계의 낙원이
지상으로 내려온 모습이다. 알람브라에는 원래 일곱 채의 궁전이 있었으나
지금은 '코마레스 궁전'과 '사자의 궁전'만 남아 있다.

우아한 이슬람의
붉은 성

750년 바그다드에서 피신한 젊은 왕 압달 라흐만 1세^{Abdal-Rahman I}는 지금의 시리아의 수도인
다마스쿠스를 거쳐 안달루시아로 온다. 술탄의 칼에 떨어진 스페인의 태양과
오후의 미풍은 이후 800년 동안 그들을 감싸 안는다. 압달 라흐만 3세에 이르러
'사방으로 그늘을 드리운 녹음과 과일과 분수와 석류나무가 넘치는 낙원'을
이곳에 짓기 시작하였고, 10세기에 이르러서는 수천 개의 이슬람 정원이 이방의
땅에 세워진다. 알려진 궁전 터는 80여 개가 있으나 아직까지 남아 있는 곳은
거의 없다.

당시 수도였던 코르도바는 세계의 중심이었던 바그다드나
콘스탄티노플에 뒤지지 않는 유럽 최고의 도시였다. 그리고 고대 그리스와
이슬람 학문이 집대성된 학문의 중심지로 유복한 유럽 젊은이들이 동경하는
도시로 번영을 누린다. 이곳을 재탈환하려는 기독교군과의 전투 속에서
살아남은 유일한 이슬람 왕조인 그라나다의 이븐 알 아미르^{Ibn al Amir} 왕자는 나스르

궁전의 연못 중정
사방으로 막힌 그들의 본향적 건물로 물소리가
끊임없이 퍼지고 고요하며 섬세함의 정점에 도달한
듯 건물 깊숙이 애수가 배어 있다.

알람브라 궁전 전경
막혀 있는 중동 특유의 내부지향적 구조의 성.

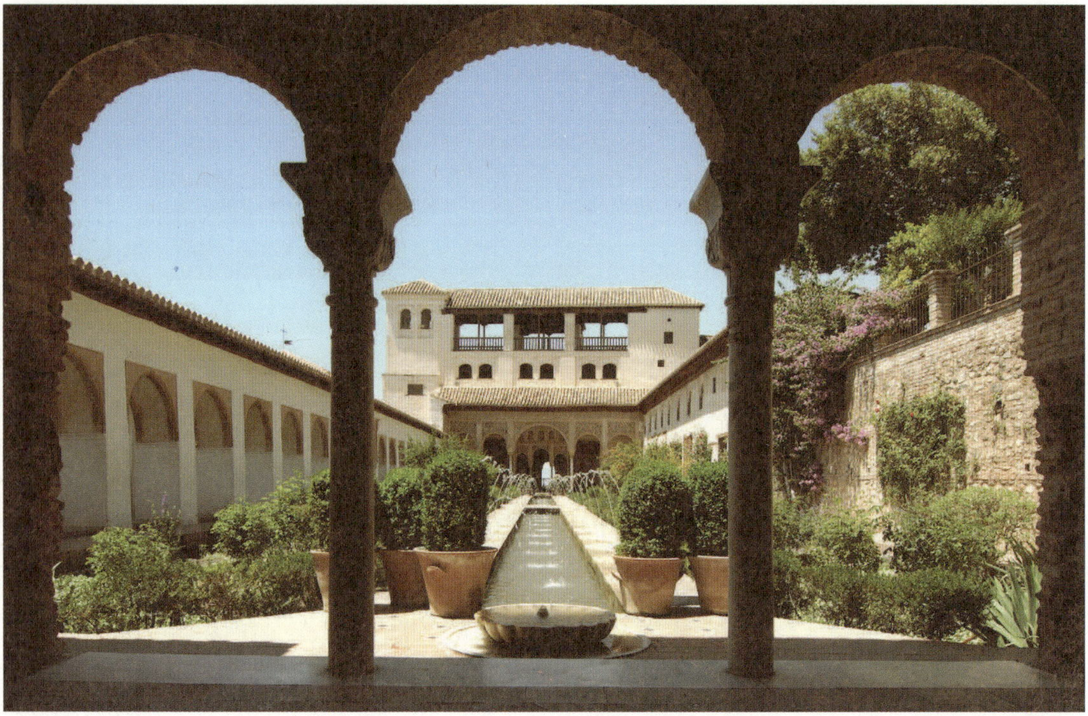

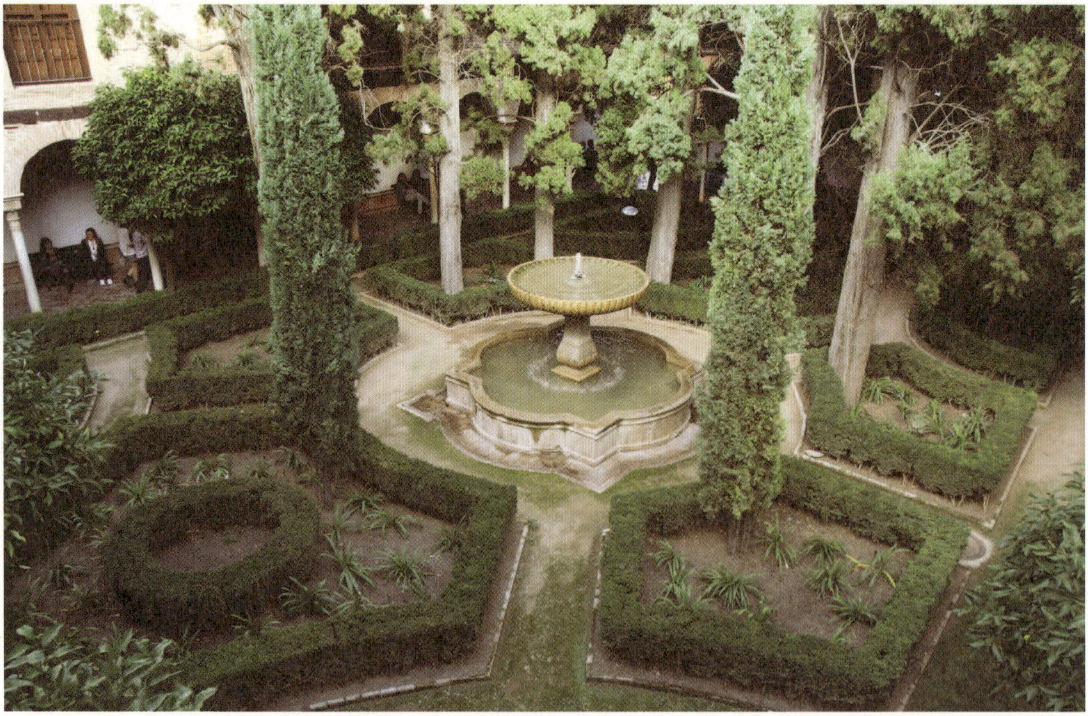

왕조를 창시하고, 도시 방어를 위한 요새로써 알람브라 궁전을 새롭게 쌓는다. 궁전의 이름은 '알칼라 탈람브라'에서 온 것으로 '붉은 성'이란 뜻으로 마지막 무슬림의 섬광과도 같이 그들의 혼이 절정을 이룬 건축이다. 알람브라 궁전은 중세 이슬람 최고의 건축으로 13세기 때 착공되기 시작하여 개축과 증축을 반복하였다. 무하마드 5세에 이르러 사자의 궁전을 지으며 화려하고, 우아한 이슬람 문화의 취향과 문학적인 기품으로 장식된 궁전을 완성하며 번영의 황금기를 맞는다. 이후 보압딜 왕이 1492년 스페인에 항복할 때까지 마지막 250여 년간 세계에서 가장 아름다운 궁전으로 불렸고, 자신의 영혼을 악마에게 판 마법사가 지은 건축이라는 전설이 전해 내려오고 있다.

공기와 빛으로 전달되는
시적 신비

낙원에 대한 동경은 척박한 환경에서 핀 장미꽃에 사랑을 바친 아랍인들의 꿈이다. 그러나 아련한 몽상을 불러오는 애잔함은 본토의 자연과는 전혀 다른, 풍요로운 이방의 땅에서 부르는 이슬람의 기억이기도 하다. 사자와 같은 용기를 지닌 이들의 조상은 거친 사막을 헤매다 정착하여 자연에 없는 인공의 파라다이스를 만들어 사막을 추억하는 미지의 신비를 노래한다. 이 사막의 후예들은 막혀 있는 중동 특유의 내부지향적인 구조에서 안정을 찾았던 것일까. 이곳의 기후를 맘껏 누리고자 한 왕의 여름 궁전인 헤네랄리페 정원에는 실제로 높은 사이프러스 나무들과 물이 귀한 사막이 아님에도 흐르는 인공적인 물의 통로가 곳곳에 남아 있다.

성채 안에 이와 같은 낙원이 존재하는지 외부에서는 알 수 없을 정도이며, 자연의 평화는 오로지 공기와 빛으로만 감지될 뿐이다. 성채의

수로의 회랑

낙원의 물 흐르는 소리는 소리 없이 변주되고 고요한 아름다움은 침묵으로 이해된다.

작은 중정

끝임없는 신비함과 아름다움이 넘치는 전설적인 낙원을 재창조하여 화려한 우아함과 문학적 기품으로 장식한다.

탑에서 보는 그라나다의 전경은 자연과 친교하지 않고, 사방이 막힌 그들의
본향적 건물로 돌아간다. 무슬림들에게 건축의 외관은 계속 확장하기 쉬운
것일 뿐 중요한 것은 중정에서 보는 외부의 외관으로 사막 풍토의 영향을
받은 동방의 무슬림과는 다른 미지의 형식으로 비잔틴과 페르시아의 감각적
영향이 느껴지는 옅은 안개처럼 애잔하고 신비로운 분위기를 자아낸다. 당시
다른 예술 장르보다 형식없는 형식으로 가장 정화된 시가 우선시됐던 교육의
영향인지 궁정 곳곳에는 빛의 이론을 아름다운 언어로 표현한 이븐 알 아라비,^{Ibn al' Arabi}
수흐라와르디의 시가 새겨져 있다. 그들에게 펜은 한줄기 빛의 유출이었다.
자아소멸의 환희를 담은 남녀 간의 관능적인 시를 즐겼을 귀족들의 애수는
안개와도 같이 고요하며 섬세함의 정점에 도달한 듯 건물 깊숙이 배어 있다.

　　　정교하면서도 화려한 선명함이나 무게감이 없어 마치 레이스 같은
투조 형식으로 아치 천장 위에 조각된 트레이서리 무늬의 조각들이 빛과
바람과 시에 투과되어 흩어지듯 걸러진다. 빛은 가느다란 입자로 부서지며
쏟아져 내린다. 단색의 꽃들과 같이 무수히 율동하는 화려한 고요 속에 소리
없이 쏟아지는 빛의 세례는 고요한 소란함이며 화려함이다. 이것은 온화한
기후 속에서 느껴지는 따뜻한 율동감이자 꽃을 닮은 노래이다. 소리 높여
불렀을 사랑의 노래는 낙원의 물 흐르는 소리로 변주되고, 고요한 아름다움은
침묵으로 이해된다. 꽃이 떨어지고 음악이 끝나듯 인생은 소멸한다. 꽃의
융단이 깔린 열주의 원로를 거닐었을 무어인들의 소리 없는 소리가 들려온다.

욕구하고 즐긴
쾌락의 궁전

사막에서 물에 대한 관심은 미적으로는 이슬람 정원의 분수와 수로의
형태로 나타난다. 이슬람 제국의 첫 수도였던 다마스쿠스는 레바논 산맥에서
흘러나오는 수많은 시냇물 줄기들이 도시의 거의 모든 길을 따라 흐르도록
설계되었고, 이후 흐르는 물의 모습과 소리는 이슬람 건축의 특징 중 하나가
되었다. 단순하고 기하학적인 정원은 획일적이고, 별다른 변화 없이

네 등분으로 나뉘었지만 각각의 위치에서 볼 때마다 변화하여 생생하게 느껴진다. 이것은 수학과 치밀한 계산에 밝았던 이슬람 세계의 모든 시각 예술을 지배한다.

우주의 법칙으로 통했던 기하학은 인간적 경험이 산출한 이성이다. 천상의 미는 경험적 범주와는 상관없는 비이성적인 영역이다. 이성을 신비로운 변전으로 변모시키는 비합리는 모순과 허망에 가득 찬 삶이 그러하듯 균열을 낳고, 생의 안타까운 절망적 향수를 미로 대변하려 한다. 이는 이성에 의존하지 않는 초월적 빛의 공간처럼 신비함을 낳는다. 이 시기 서방의 존재론을 비판한 수피철학자 수흐라와르디는 "빛의 본질은 인간의 이해를 초월한 것이며, 빛은 만물 중 가장 분명하여 어떠한 정의도 필요하지 않다. 빛의 비존재인 암흑은 허무이기 때문에 빛의 성질은 스스로를 나타내는 것, 즉 존재의 표현이다"라고 하였다. 이러한 빛은 술탄이 "이 빛은 실로 나의 빛이다"라고 말하였을 만한, 그가 소유할 수 있었던 비현실적 빛이다.

규칙적이고 통제된 기하학적 범주 안에서 이룩한, 그들만의 독특한 정서가 가미된 애잔함이 알람브라 궁전을 장식하는 무늬들과 함께 건물의 구조를 이룬다. 나무와 세라믹 치장 벽토들의 세세하고 극한의 장식으로 메워진 정교한 방과 공간들은 아라비아 문자의 시로 장식된 아라베스크 문양과 함께 미적이면서도 논리적이고, 감각적이면서도 관능적인 문양들을 만들어 낸다. 이는 사치와 부의 요구에 따른 수준 높은 공간과 뛰어난 공예품이 문명의 수준을 드러낸다고 생각했기 때문이다. 그러나 모든 조화로움은 엄밀한 빛과 물, 그리고 바람 소리와 꽃의 향기와 함께 친밀하고도 평온한 모습을 이룬다.

이곳에는 이슬람의 여러 위대한 시인들의 시로 방을 장식했는데 그중에는 이곳을 요새이자 '쾌락의 궁전'으로 불렀던 궁정 시인 이븐 알야이야브가 쓴 시도 새겨져 있다. 그들에게 쾌락이란 "키스를 너무해 이빨이 다 뽑아졌다"는 노래 구절처럼 '욕구하고 즐기라'며 활기찬 삶을 긍정하였다. "죽음은 우리와 상관없는 것이다. 우리에게 살아 있는 한 죽음이란 없다. 그리고 일단 죽음이 다가온다고 해도 그때 우리들은 이미 있지 않다"며 삶의 가치에 대해 개방적인 태도를 견지하였다. 그러나 현실은 논리적인 명제보다는 유력하며 본능적으로 제 길을 걸어가듯, 권력의 암투 속에 술탄들은 감각적인

쾌락의 정원으로 내몰리기도 하였다. 즐거우면서도 공허함이 사라진 미적
공간이 주는 애잔한 아름다움은 별다른 기록이 없다.

　　19세기 낭만주의자였던 영국 예술가들의 방문을 통해 알람브라 궁전은
이국적이면서도 관능적인 신화적 궁전으로 이미지화 된다. 시간은 죽은 인간을
이곳으로 불러들여 이슬람 극지의 장소에서 기억된다. 우울한 망각마저
아련한 몽상으로 물들이듯, 왕과의 권력 다툼으로 이곳에서 참살된 37인의
아벤세라헤스 가문의 이름을 딴 궁전 남쪽 방의 별 모양 무카르나스 천장에
빛이 통과한다. 북쪽에는 자매처럼 친해서 왕과 함께 기거하며 왕자도 동시에
낳았다고 하는 두 후궁의 방인 '자매의 방'이 있다. 이곳은 궁전에서 가장
화려한 방으로 방 천장에 가득한 종유석의 기하학적 무늬가 생명감을 가지고
물결치는 듯하다. 천문학의 발달로 하늘의 운행과 우주의 빛들에 대한 관심은
별들과 쏟아지는 빛에 대한 미적 탐구로도 이어졌다. 이는 구상적 우주가 미로
변모하여 신비한 빛을 또 다른 빛으로 변모시키는 건축적 광학에도 기여했다.
성직자들의 무덤에서 시작된 무카르나스는 꽃과 나무로 뒤덮인 아라베스크
문양과 함께 새로운 낙원을 만들어냈다. 수많은 아치로 만들어진 둥근 천장의
창문으로 빛이 스며들면 반사되는 빛과 그림자에 의해 천장은 반짝이는 별들이
흐르는 밤하늘로 변모한다. 부드러운 실크 카펫과 벽걸이, 그리고 반짝이는
도자기로 둘러싸인 또 다른 방으로 섬세한 빛은 연이어지고 투과된다.

　　124개의 가늘고 긴 정원 주랑과 사자 분수를 중심으로 십자형으로
흐르는 수로가 주변의 방들을 따라 흐르며 쉼 없이 노래한다. 비잔틴에서
가져온 사자가 술탄을 닮은 이미지의 특권을 누리며 공간을 의식적으로
인도할 때 초월적 빛의 공간에 술탄의 욕망이 접촉한다. 1시에는 한 마리의
사자 입에서 물이 나오고, 2시에는 두 마리로 늘어나며 물시계 역할을 했던
열두 마리 사자가 있는 분수는 권력의 힘을 상징하듯 물을 숨차게 뿜어내며
합창한다. 이는 열정 혹은 침묵, 힘과 위력과 느긋한 평화를 떠올리게 하지만
장황스럽지 아니하고 집착하지 않는다. 흘러내리고, 소리 내며 솟아나는 물들의
리듬과 닮은 장식들 속에서 물과 가는 기둥들은 안개이자 가벼움의 시각적
효과와 음향적 장치를 이미지로 연계한다.

궁전의 천장들
정교하면서도 지나치지 않은 투조 형식의 천장으로
빛과 바람이 흩어지듯 걸러진다. 쏟아지는 별빛의
세례는 고요한 소란함이며, 무게감 없는 화려함이다.

꽃향기로 가득한
형체 없는 대기

흰 물보라와 끝없는 샘물처럼 솟아나는 수로가 마치 살아 있는 생명의
향기처럼 미풍에 잔잔히 흔들린다. 지붕 위로 하늘만 보이는 이곳에서 그들
노래의 원천은 밤하늘의 흐르는 별을 따라, 길 없는 길을 따라 걸었을 선조의
사막 길에서 찾아낸 그들 본연의 향수이자 괴로움의 그림자를 잊은 환희다.
이러한 기쁨의 근저에서 봄비 소리 같은 샘물과 빛 그들의 눈부심은 별을 향해
흐르며 부서지는 모든 즐거움과 생생함이 피어오르는 장소가 된다. 별빛이
뿌려진 성좌의 꽃밭에서, 낙원 동산의 심연에서 잠드는 술탄은 하렘 여인들의
장밋빛 손가락과 머리맡으로 쏟아지는 별들의 향유를 느낀다.

Ibn Zamrak

    14세기 이슬람 궁중 시인 이븐 잠라크는 밤이면 반사되는 이슬람 건축의
아치 천장을 보고 "그대여 마치 회전하는 행성 같지 않은가. 긴 밤을 지낸
후 새벽의 기둥이 어렴풋이 나타날 무렵 새벽의 빛조차 무색케 할 것 같지
않은가"라고 노래하였다. 향기로운 생기를 채우는 인간의 상상은 때론 찬미를
뛰어넘는다. 물소리에 흩어져 실려오는 꽃향기로 가득한 형체 없는 대기는
알람브라를 더욱 생생한 공간으로 만들어내며 성가를 부르지 않아도, 기도하지
않아도 성스러운 영원한 장소로 만든다.

    이후 이곳의 이슬람 선진 과학과 문명은 유럽 사회의 수도원과 대학으로
전달되어 유럽의 번영을 이끄는 시금석이 되었을 뿐, 한 때의 뜨거운 정열처럼
사라진 알람브라의 영광은 다시는 그들의 것이 되지 않는다. 예전의 청명한
빛들만 가득 남은 이들의 소란과 쾌락은 대기 속 이야기로 곳곳에 비밀처럼
숨어든다. 신으로부터 유출된 세계의 낙원은 만면에 편만하고 있는 빛과 리듬
사이로 흐르는 그들의 회상과 기억으로 흩어지며 사라진다. 바람이 부서진다.
이슬람의 쾌락인 평화와 기쁨의 향기도 아련함으로 사라진다.

△

에반세라헤스방의 천장
천장에 가득한 종유석의 기하학적 무늬는 쏟아지는
빛과 함께 연이어지고 투과되어 성스럽고 아련한
공간이 된다.

장성
진시황제 자신의 시작과 불멸에 대한 열망의 꿈이
북방에 영원한 사업의 하나로 기나긴 장성의 담을
쌓아 올리게 만들었다.

만리장성 전경
만리장성이 비할 데 없는 아름다움으로 존재하는
이유는 미를 염두에 두지 않은, 그저 쌓기만 한
건축으로 어떤 예술적 의도도 품지 않았음에도
모든 예술을 뛰어 넘는 미적 광경을 선사하기
때문이다.

안개 자욱한 대기 속에 거대하게 살아 꿈틀대는 맥(脈)이 실루엣으로 그 움직임을 드러내고 있다. 산 정상 높은 곳에서는 산과 하늘 그리고 그 사이를 조용하나 힘차게 지나치듯 흐르는 장성이 자리하고 있다. 장성 축조 당시의 모습이 지금과 그다지 다르지 않을 것이다. 단지 성벽과 산과 하늘만 있는 변화 없는 공간 속에서 항구불변의 영구적인 공기가 호흡을 다독인다.

　　　만리장성은 거친 북방민족들과 한족들의 벽을 깰 듯한 함성이 뒤엉키고 튀기는 전투 속에서 제국들의 패망과 흥기, 비장함을 함께 겪으며 축조되었을 것이다. 그러나 지금은 이 장엄하고 아름다운 광경 앞에서 어떤 실감나는 전장의 상상은 일어나지 않는다. 마음만 먹으면 성벽을 넘나드는 일이 어렵지 않기에 단절과 방어의 의미는 사라져버린다. 역사적 사실과 동떨어져 산 정상에 홀로 오롯이 있는 성벽 앞에서 인류의 찬란한 성과는 그저 대단한 하나의 광경으로만 펼쳐진다. 시간은 이렇게 상상의 여지만 남겨둔 채 모든 것을 뛰어넘게 한다.

방어의
성벽

기원전 210년경, 애초에 장성은 지금의 위치보다 더 북쪽에서 토성으로 시작되었다. "자신으로부터 역사가 시작된다"고 선언한 진시황제(秦始皇帝)가 연과 조나라가 축성한 성들을 연결하며 첫 담을 쌓기 시작했다. 자기 이전에는 아무 일도 없었던 것처럼 이전의 역사와 과거 모든 사상서들을 불태운 그는 자신의 시작과 불멸에 대한 열망의 꿈을 담아 북방에 영원한 사업의 하나로 이 기나긴 장성의 담을 올리게 만들었다. 뭐든지 과도했던 진시황제의 열정은 백성의 노동력을 여러 공공사업에 징병제로 동원하였다. 그는 불같은 추진력으로 모든 것을 단기간 내에 일사불란하게 처리했다.

만리장성 외관
유창하게 굽이굽이 흘러가는, 그저 쌓기만 한
아무것도 아닌 건축으로 가장 단순하지만 인간에게
하늘의 길을 펼쳐 보인다.

장성은 진시황의 욕망의 서막처럼 튼튼하고도 밀도 있게 산 능선을
따라 축조를 시작한다. 하지만 이로 인해 유목민족인 기마민들은 장성의 구획
밖으로 쫓겨났다. 농경민들의 정착이 용이해지고, 심리적으로 안정적인 지배에
기여한 장성의 효용성은 후대의 지배자들에게 선대의 유업을 기꺼이 계승할
당연한 이유였다.

만리장성은 제후국들 사이에 전쟁이 끊이지 않았던 전국 시기를 거친
후 흉노의 방어를 위한 본격적 수축 작업을 하게 된다. 이어 통일 후 이 성벽은
좀 더 견고하고 치밀하게 이어져 더욱 확장된다. 재건과 증축은 장성이 지금의
모습을 이루는 15세기 명대에 이르기까지 때로는 빠른 속도로, 때로는 느린
속도로 몇 천 년을 증식하며 동쪽의 산해관에서 서쪽의 감숙까지 3,000여
킬로미터에 달한다. 이 지선들을 모두 합한 총 길이가 5,000－6,000킬로미터나
되는, 믿지 못할 만큼 기나긴 선이 중국 대륙에 새겨진다.

형세가 험요한 고산의 계곡과 기복이 가파른 구릉을 따라 무한히 끝으로
사라지는 길이 한없이 이어진다. 그 장성의 길 위에 약 100미터 간격으로
들어선 우직한 외관의 2층 망루들이 하늘을 향해 힘차게 솟아 있다. 마치
장성에 하나가 된 듯 그 간격은 기복을 느낄 수 없을 정도로 자연스런 흐름을
타고, 긴 줄에 꿰놓은 구슬처럼 반복적으로 세워져 있다. 가까이 있는 망루의
가파른 계단을 올라가니 산령의 가장 높은 곳에 불 꺼진 봉화대가 스산하게
남아 있다. 이 멀고도 먼 길은 사막을 포함한 서한의 서역 변방의 길목에서
감숙 돈황을 거쳐 동쪽 내 몽고의 낭산을 지나 길림까지 뻗어나간다.

만리장성의 중요한 관구나 전략적 요충지에는 이중 혹은 여러 겹의
성벽으로 둘러쳐진 꽤 큰 요새들이 틈틈이 장성의 맥을 고리처럼 연결하고
있다. 산 능성에서 구름을 끼고 홀로 적적했을 요새들도 있었지만 성벽을
지키던 병사들과 이곳을 드나들었을 백성들과 상인들로 시끌벅적했을 정차역
같은 제법 큰 요새 건물들도 있다. 요새이지만 삼엄하지만은 않으며 오랜만에
인간의 생기 어린 북적임을 느끼게 해주는 장소라 반갑기 그지없다. 어떤 곳은
화려하게, 어떤 곳은 힘차고 당당한 처마를 가진 것도 있다. 긴 장성의 일부인
이 모든 건물들은 들어선 지역만큼이나 감정의 변화가 넘치듯 다양하고, 제
각각의 모양을 가짐에도 단순하고 솔직하여 장성과 조화를 이룬다.

만리장성 망루
가파른 구름을 따라 무한히 끝으로 사라지는
길이 이어지고 약 100미터 간격으로 들어선 2층
망루들은 하늘을 향해 솟아 있다.

만리장성 성문
성문의 주변으로 백성들과 상인들로 북적거렸을
정차역 같은 곳이었다.

실제적인 기능의 요구로 지어진
건물

건축 공간의 크기에 대한 중국인의 태도는 어디까지나 실용적이라고 할 수 있다. 묵자(墨子)는 "건축의 법도는 바람과 추위를 막고 남녀의 예를 구별할 수 있으면 이것으로 그만이며, 재력을 낭비하거나 이익이 되지 않는 일은 하지 않아야 한다"고 주장한다. 만리장성은 '실용'과 '소박'을 강조하며 사치스런 건축을 금했던 관의 통제와도 뜻을 같이하지만 이와 반대로 화려함에 대한 과장됨을 표출하기도 하였다. 그러나 그 화려함도 그들의 실용적 태도를 무절제로 이탈시키지는 않았다. 화려하고 생기발랄함을 사랑했지만 삶의 철학이 무엇보다 현실적인 관점에 우선을 둔 중국인들이기에 대형 건축이 특별히 존재해야 할 특별한 이유를 찾지 못했던 것 같다.

　　서양의 대형 건축물은 종교나 정치적 통제와 지배에 보다 효율적으로 충실해왔다. 이에 반해 내세적이었던 중국은 형이상학적인 특정 종교가 사람들의 마음에 열정적으로 호소하거나 주류를 형성했던 적이 없었고, 자연환경에는 목재를 제외하고 대형 건축물에 요구되는 돌과 같은 재료도 드물었다. 특별한 크기가 요구되는 궁실을 제외하고는 절실하고 직접적인 쓸모가 요청되지 않는 한 대규모의 용역을 대동할 수도 없는 여건이었다. 중국에 거대한 기념비적인 건축이 존재하지 않는 이유이다.

　　그럼에도 이토록 거대한 만리장성이 오랜 세월 비싼 대가를 지불하면서도 지속적으로 건축되고 존재할 수 있었던 이유는 이것이 종교적 열정으로 지어진 건축도, 정치적 지배력 확보로 지어진 건축도 아닌 북방의 침입을 막기 위한 '국가 방어'라는 실제적 요청에 의해 지어진 공공건축이기 때문이다. 만리장성은 그 길이가 세계에서 가장 길다는 것 이외에 다른 내세울 만한 이유들이 존재하지 않는 무미건조하기 이를 데 없는 축조물이다. 그러나 그토록 무미한 건축임에도 만리장성이 비할 데 없는 아름다움으로 장엄하게 존재하는 이유는 아름다움은 염두에 두지 않은 그저 순전히 쌓기만 한 건축물이며, 어떤 예술적 의도를 품지 않았음에도 모든 예술을 뛰어넘는 미적 광경을 선사하기 때문이다.

의도되지 않은
크기

만리장성은 단순히 방어를 위한 건물이지만 활발한 생기를 자아내며 존재하고
있다. 또한 인간의 확장과 방어의 욕망이 만나는 투쟁의 접점에서 하나의
충돌이 벽으로 남은 중국 역사의 긴 시간을 담아낸 건축물이다. 이러한 크기는
처음부터 완성되어 시작된 것이 아닌 세월의 흐름 속에서 점점 증식된 형태일
뿐이다. 단지 방어라는 하나의 목적으로 그어진 선이지만 믿을 수 없을 만큼의
단순한 힘이 주는 극단적인 아름다움을 발산한다. 막는다는 것 외에 특별한
건축적 기능이 요구되는 상황도 아니었던 특수한 상황은 장성이 단지 산의
등선을 따라가는 것만으로도 의도되지 않은 기획 이상의 결과를 나타나게
했다. 산의 능선을 따른다는 것으로 이른바 자연의 지형에 순응하는 방식으로
산이 가진 천연의 형태를 자신이 취했으나 자연에 흡수되거나 동화되지 않는다.
즉 조화롭게 존재하는 형식이 아니다.

　　　만리장성은 지형에 순응하지만 조화롭게 보이는 것 이상을 느끼게 한다.
산을 자신의 아래에 두고, 자연 그 위에서 자연을 지배하는 형식이 되어버린
것이다. 위로는 오직 하늘밖에 없으니 그 사이에서 선으로 하늘과 땅을 다
가진, 지상에서 가장 거대한 공간을 자기 것으로 만들어버린다. 이렇게 엄청난
효과를 갖는 장성이지만 그 기법은 단순하기 그지없다. 만리장성은 각기
지역의 특징에 따라 돌과 황토, 벽돌 등으로만 쌓아 올린 일종의 무형 소재와
방어벽이라는 단순한 기능으로만 이루어진 그냥 산 위의 돌덩이들이라고 할 수
있는 아무것도 아닌 건축이다.

　　　만리장성은 소유하는 것 없는 무개념의 건축으로 장대한 크기이나
모든 것을 내려놓은 듯 특정한 의미를 가지지 않는다. 현세를 편들지도 무위를
좋아하지도 않으며, 형태를 담보하고 있지만 언어로는 말하지 않는다. 역사의
긴 시간을 내면으로 품은 채 그 전체를 전면적으로 마주치게 한다. 자연이 아닌
또 다른 자연 그 자체가 되어버린 동시에 말없는 역사가 된다. 장성의 무한한
길이와 하늘과 대지를 아우르는 제한 없는 운신의 폭은 인간의 지각의 폭을
넘어서 무한함으로 그 거대함을 펼쳐 보이고 있을 뿐이다.

하늘의
길

천지를 가르는 선으로 온 천지를 가져버린 만리장성의 벽은 이미 단독으로
존재하는 방어벽의 존재 이상이다. 구획을 목적으로 가졌음에도 벽만으로 남아
있지 않다. 자신이 가진 것 하나 없이 직접적으로 세계와 대면하는 노출은
천변하는 계절과 모든 공간의 변화를 온몸으로 받아들여 항상 새로운 모습으로
다양한 자연과 호응한다.

　　하늘의 기운이 자기 것이 되며 자신이 그 기운을 이끌어 움직이게
하는 듯 유장하게 굽이굽이 흘러간다. 가장 단순하지만 가장 많은 것을 품는,
이 선은 장벽으로 지어졌음에도 장벽이라는 목적을 의미 없는 일로 만들어
버리며 인간에게 하늘의 길을 펼쳐 보인다. 마치 우주를 순환하는 선처럼
쓸쓸해 보이기도 하는 만리장성은 '모든 자유를 다 가져라'라고 말하는 듯 그
길을 내어준다.

△

만리장성의 지형
가파른 능선 위의 벽은 방어를 목적으로 함에도
존재 이상이 되어 계절과 모든 공간의 변화를
온몸으로 받아들인다.

끝없이 이어지는 장성
하늘과 땅의 기운을 자신의 것으로 만들어 순응하기
보다는 지배하는 선의 장벽으로 유장히 흘러간다.

이쓰쿠시마 신사

신사의 정문

신사 앞 해상에 서 있는 거대한 오오토리이는
그 위상을 당당히 드러내며 바다 위에서 자신의
존재를 각인시킨다.

신사의 강당
영원과 현재를 융합하려는 듯 바다와 신을 잇는 긴
회랑의 홀은 합쳐진 듯 구별하여 천상과 지상으로
연결된다. 그 속에서 신은 드러나지 않으나
신비스러운 자신의 본업을 다한다.

신사의 입구
천연 그대로의 원시림을 간직한 섬은 인간의 정주를
허락하지 않아 신성함을 그 배경으로 삼으며 바다
위에 서 있다.

히로시마에서 배를 타고 10여 분 정도 들어가면 영기 서린 섬으로 신성시되어
온 미야지마 섬이 자리하고 있다. 신성함을 부여받은 사물은 특별하고
아름답게 보인다. 평지가 거의 없는 이 섬이 간직한 천연 그대로의 원시림은
자연 속에서 축복받은 듯 생생한 시원을 느끼게 하고, 섬을 돌며 불어오는
미풍은 신의 숨결처럼 따사로이 속계의 인간을 맞이한다.

섬 한쪽에는 해발 530미터의 미센산을 뒤로 하고 섬의 일부처럼
해안선을 따라 스며든 바다 위에 자리하고 있는 이쓰쿠시마 신사가 있다.
嚴島
인간의 삶을 허락하지 않았던 신성한 섬이기에 바다와 섬의 경계 지점인 갯벌
위에 신사를 세웠다. 교조도 경전도 없는 원시적 애니미즘이 그대로 이어진
섬에 대한 숭배는 단지 신성한 자연에 대한 샤머니즘적 행위에 불과했다.
推古天皇
스이코 천황 원년인 593년, 사에키 구라모토에 의해 용궁을 형상화한 신사가
창건됨으로 비로소 이곳은 인간의 격식이 깃든 세련된 양식의 종교적 옷을
입은 새로운 권위를 가진 곳으로 재탄생한다.

1146년 헤이안 시대 말기 당시 천황의 외조부이자 최고의 권력자이던
平清盛
타이라노 기요모리가 이쓰쿠시마가 있는 아키 지방의 수령으로 부임한다.
그의 부임으로 유력 가문들의 방문이 이어지고, 1168년에는 교토의 황족과
귀족들의 기부가 시작되어 기존 건물에서 본사 내부 서른일곱 동의 건물과
외부 열아홉 동의 건물들을 거느린 신사 단지가 수년간에 걸쳐 증축된다.

11세기의 일본은 토지 국유제도와 공지공민제도가 파기되고, 귀족과
사원의 사유지인 장원의 발달로 중앙 귀족과 지방 호족 세력인 무가의
대립과 교류가 활발히 이어지며 교토 귀족문화는 지방으로 보급된다. 대표적
源氏   平氏
무가였던 겐지와 헤이시 가문은 신장된 세력을 바탕으로 중앙 귀족의 교양에
뒤떨어지지 않고자 했다. 헤이시 가문의 기요모리는 이쓰쿠시마 신사를 교토
천황궁 안에 있는 건물들과 같은 양식과 수준으로 성대하게 재흥시킨다.
개혁적 성향의 그는 바다에도 눈을 돌려 일본 최초의 수군인 무라카미 수군을
창시하고 처음으로 해상권을 도입한다. 신사의 건설과 함께 바다로 향하는 첫
걸음을 상징하기 위해 신사 앞 해상에 세운 거대한 주홍색 오오토리이는 그의
위상을 당당히 대변하며 푸른 바다 위에 떠 있다. 태양빛과 같은 주홍색의
오오토리이는 그 자체만으로도 자신의 존재를 각인시킨다.

신사 정면의 홀

물에서 내린 배례객은 멀고도 가까운 신의 세계에
방울 소리를 내어 자신이 왔음을 알리고 머리를
숙인다. 신은 인간 생의 연장선상에서 존재 가치를
부여받는다.

물 위의 오오토리이

바다를 향하는 첫 걸음을 상징하듯 거대한 주황색
오오토리이는 물 위에 떠 있는 것만으로도 그
위상을 당당히 대변하며, 그 자체만으로 자신의
존재를 드러낸다.

영속적인
본질

오오토리이는 헤이안 시대부터 8대에 걸쳐 세워졌고, 지금의 것은 메이지 8년에 완성됐다. 거대한 기둥은 1874년에서 1875년 사이 큐슈와 시코쿠의 숲에서 베어낸 높이 16미터, 둘레 약 10미터의 녹나무 한 그루를 가공하지 않고 그대로 사용한 것으로 나무의 표면 위에 붉은 칠을 하였다. 추상적이거나 상징적이지 않은 자연 그대로의 차용이 오히려 문의 규모를 더 크게 느끼게 하고 더 큰 움직임이 된다. 인위적인 하늘 천자문의 구획과 구조적 조화를 이루며 신성한 기를 뿜어낸다. 마치 자연의 영속적인 본질을 가지게 된 듯한 새로운 리얼리티다.

지붕은 자연 그대로의 거친 기둥 위에서 하늘을 벨 듯 검과도 같은 정교함과 날렵함으로 토리이의 무게감을 하늘로 날려 보낸다. 야성적인 자연과 함께 갖추어진 섬세한 인공 지붕은 뱃집지붕의 형태로 본 건물에도 쓰여진 히와다부키라는 나무껍질을 사용했다. 일견 소박해 보이지만 목재 지붕 밑에 금속판을 함께 사용하여 의외로 정교하고 예리한 지붕 선을 만든다. 이러한 자연과 인공의 이중적 형식은 어느 편에 속하지도 않는 미지의 힘을 드러내며 확정적 형태감을 사라지게 하고, 하나의 이미지로서만 눈앞에 존재한다.

또한 신사 본당과 200여 미터 떨어진 바다 위에 오오토리이를 배치함으로써 신사 건물은 산 전체와 함께 눈에 들어온다. 바다와 섬의 지형적 관계 맺음을 통해 섬 전체를 신사로 확대시키며 바다의 열린 장으로 불러들이고, 인간은 그 안에서 용궁의 신을 불러들인다. 파란 수면 위에서 진홍색으로 선명한 대조를 이루는 오오토리이는 썰물이 되자 물기가 걷힌 자신의 몸체를 드러낸다. 강한 대비감은 줄어들고 육중한 모습으로 땅을 딛고 서 있는 지상의 문으로 다시 변모한다. 오오토리이는 자신을 좀 더 가까이에서 보고 느끼고자 하는 사람들에게 직접 걸어서 다가오라고 길을 열어 맞이한다.

12세기 말경 급격히 확대되는 헤이시 권력에 위기를 느낀 겐지 가문의 미나모토 요리토모는 기요모리를 몰락시킨다. 이후 가마쿠라의 지배 세력으로 이어지는 겐지 가문 역시 교차하는 권력의 와중에서 이쓰쿠시마 신사의 신성한
源頼朝

분위기에 압도된다. 비록 이곳이 기요모리에 의한 건축일지라도 겐지 가문은 자신들의 권위를 연결시켜 신사의 위상은 흔들림 없이 유지되었다. 정작 신사에 누를 끼치게 된 건 두 차례의 화재와 가마쿠라 시대의 잦은 내전이었다. 신사의 전체적 배치는 처음 모습 그대로 유지되었고, 1325년에 찾아온 태풍으로 반 이상이 훼손된 뒤에도 다시 복원되었다. 코우지 원년인 1555년 이쓰쿠시마 전투에서 승리한 모리 모토나리는 고상한 권력의 원천이었던 이곳에 애착을 가지며 그동안 내전으로 방치되어 있던 신사를 다시 부흥시키기로 마음먹는다. 사운은 다시 상승하기 시작하였고, 건물들은 1571년 재건되어 현재까지 이어지고 있다.

毛利元就

승자의 권력과 종교적 권위의 미학은 이곳에 예술적 심취를 더하였다. 심미안을 가진 모리 모토나리는 신사에 노 전용 극장을 세운다. 세월 속에 빛이 바래 색이 없는 노 무대는 진홍색 기둥들로 이루어진 다른 건물들에 비해 말은 없어도 마치 어떤 표정을 짓고 있는 듯한 노처럼 신비한 모습이다.

能

소리와 세월이 던져주는 시공간의 환영 같은 이 극장은 해상에 세워져 통상 노 무대의 마루 밑에 설치하던 공명판이 없다. 대신 마루가 한 장의 판과 같이 되어 있어 북의 가죽과 같은 역할을 한다. 건물이 악기가 되어 공연 시 배우들의 발장단은 크게 공명하며 곳곳으로 반향되고 증폭된다. 조수가 가득 차면 그 영향으로 음색이 바뀌기도 하여 극적인 분위기를 연출하기도 한다. 이런 긴장감은 전란의 와중에 수없이 겪었을 삶과 죽음의 경계를 종교적 의식과 더불어 더 깊이 초월하게 만든다.

단순함과 더불어 부분적으로 치밀할 정도의 의도와 섬세함과 화려함을 갖춘 일본미의 특징은 노의 표현 양식 속에서도 여지없이 나타난다. 얼굴 표정 하나 없이 손만 들어 올릴 뿐인 노의 동작은 정적이면서도 단절적이며, 그 하나하나가 완결된 구조를 가진다. 각각의 동작들은 완결된 손동작이나 그 경계는 모호하며, 끊어지면서도 연결되어 전체의 한 동작이 된다. 단소하게 나타나는 무동작의 배후에 수없이 많은 함축된 내용을 담으려 한다. 의도되고 의식적으로 나타나는 모든 표현은 보여지는 형식미이며, 표현의 절제 속에 숨어 있는 내재된 긴장감은 보는 이들을 감동시킨다.

신사의 회랑
두드러진 진홍색의 회랑은 전체적인 대칭의 구조로
도식적으로 보이면서 동시에 자연의 차입을
능동적으로 끌어들여 상반된 자연스러움을 갖는다.

환영,
그 너머의 환영

신사 건물은 육지와 바다의 경계선 위에 기둥으로 된 108칸 회랑의 비어 있는
공간 구조로 되어 있다. 회랑만이 비대칭이나 대칭적 질서를 가진 건물로
존재한다. 하루에 두 번 밀물과 썰물이 드는 환경의 변화를 염두에 두고 배치된
회랑은 두 가지의 상반된 모습을 갖는다. 두드러진 진홍색 회랑은 대칭적인
전체적 구조와 함께 도식적이며 인위적으로 보이면서도 동시에 자연의 차입을
능동적으로 끌어들임으로 자연스러움까지 갖게 된다.

    조수의 차이는 육지의 신전을 바다 속의 신전으로 변모시킨다. 만조가
되면 물 위에 놓인 붉은 빛과 같은 신전은 마술처럼 모든 건물들을 바다의
풍요로운 환영 속으로 확장해버린다. 신사의 해면에 비춰지는 기둥들은
물결에 따라 가벼이 흔들리며 살아 있는 해상부전으로 부유한다. 밤이 되어
회랑에 등이 걸리면 빛의 음영이 더해지고, 신사는 신성한 섬과 하나로
채화되어 빛으로 만든 한 폭의 수묵화가 된다. 썰물이 바닥을 드러내며 환영의
대상물들을 쓸어낸 후에도 건물은 여전히 물기를 머금어 화려하고 아름답다.
건물은 스스로의 영향 없이도 조수 차에 의해 상반된 시간성의 이미지를
가짐으로, 대비 속의 변화와 정지를 동시에 갖는 일본 미학의 이중 구도를
절묘하게 표현해내고 있다.

    하얗고 풍성한 윗도리에 직선의 주름이 곧게 잡힌 빨간 하카마를 입은
미코라는 여신관이 회랑을 걸어간다. 미코를 따라 일렬로 늘어선 붉은 기둥과
회랑에 걸린 등의 불빛이 수면에 위에서 흔들리며 건물은 살아 움직인다.
마치 태양신의 힘과 에너지를 보는 듯 붉은 빛을 사방으로 내뿜으나 단색으로
고요하다.

    오오토리이의 뒤편 신사의 중심인 신덴은 영원과 현재를 융합하려는
것처럼 건물을 앞뒤 두 동으로 나누어 구별하였으나 회랑으로 하나로 연결되어
있다. 신의 건물이 인간의 건물로 내려온 듯 합쳐져 있으나 저 멀리 서로
구별하여 위치해 있다. 천상의 세계는 엄격히 분리되어 있는 동시에 지상으로
연결된 것이다. 두 건물 사이 회랑으로 스며든 햇빛으로 건축은 마치 존재하지

않는 듯 피상적이며, 환영 너머의 환영처럼 존재한다. 배례객은 멀고도 가까운
신의 세계에 밧줄을 흔들어 방울 소리를 내고 손뼉을 치며 저편 너머의 신에게
자신이 왔음을 알리고 머리를 숙인다. 신은 드러내지 않으나 신비스럽다.
그러나 그들은 더 광대하게 사라지고자 하지 않고, 이곳에 자리하여 자신의
본업을 다한다. 여전히 인간 생의 연장선상에서 존재 가치를 부여받고 있다.

썰물 때의 신사
썰물이 바닥을 드러내며 환영의 대상을 걷어간
후에도 건축은 여전히 물기를 머금어 쓸쓸하고도
화려하다.

불일치의
유착

진홍색으로 드러나는 뚜렷한 빛의 존재와 물 위의 환영과도 같은 신사의
정취는 하나의 물체이나 섬세한 인공미와 자연미를 동시에 가지고 있다.
자연과 인위가 결합된 이중적 미의 구도는 동아시아 3국의 공통적 특징이었다.
중국은 모든 화려함과 크기를 다 가지려 하였지만, 미적으로 과장되지 않은
화려함 속의 문식으로 녹아든 절제가 존재한다. 한국은 인위적 형식의 표현에
있어서 그 인위성과 자연성이 드러나지 않는 것을 깊이 있는 예술적 표현으로
보았다. 마치 그림자와 같이 드러내지 않는 형식일수록 깊은 내재성과 지극한
자연스러움을 함유할 수 있다고 생각하였다.

　　　그러나 일본의 이중적 미는 자연과 인위가 함께 있으며 섞이는 조화를
통해 표현된다. 불일치의 유착에 의해 탄생되는 양가적 미는 극단의 긴장감과
정지된 듯 움직이는 형식을 만들어낸다. 죽음 앞에서 노출되었던 인간의
목숨은 생과 사의 양극단 사이인 듯, 신 앞에서 분리되는 이승과 저승을
암시하는 듯하다. 대부분의 사무라이 초상화에서 보듯 사무라이는 오른손에
든 바람과 같은 부드러움을 드러내는 패와 왼편에 쥔 스스로에게도 엄정한
칼을 통해 눈에 보이는 동시적이고 이중적인 구도에 안도한다. 보이지 않는
내재성은 이들이 추구하는 바가 아니다. 강하고 날이 선, 섞이지 않는 경계로
모든 것을 담고 각자의 크기로 드러내며 합쳐질 때 그들은 그것을 아름답다고
말한다. 이것은 서정적 아름다움을 지닌 일본인의 평화로운 삶 속에서
작동하고 완벽한 미를 상정한다.

　　　숱한 전투 속에서 삶의 무상함에 대한 통찰과 그럼에도 자유롭고
정신적이고자 한 사무라이들은 해마다 칠월 중순에 열리는 선상 마츠리인
미야지마 간겐사이 축제를 통해 그 힘의 미적 발산을 이룬다. 교토의 귀족들과
宮島管絃祭
무사들, 악사와 무희들이 탄 색색으로 장식된 웅장한 선단이 해면에 비친
화톳불과 붉은 황혼 빛으로 반사되는 거대한 오오토리이를 통과하면 붉은
태양빛의 환영과 같은 건축을 통해 신은 그들의 모든 기쁨을 나누어준다.

　　△

썰물 때의 오오토리이
자연 그대로의 나무를 사용한 오오토리이는 자연과
인위가 함께 섞이는 조화를 통해 불일치의 유착을
만들어 완벽한 미를 상정한다.

사무라이 초상화
오른손엔 패를 들고 왼편에는 칼을 쥔 전형적인
초상화로 부드러움과 엄정함의 이중적인 구도를
갖는다.

천단

천단의 기년전
물리적으로 강한 중심성의 운동감을 느끼게 하는
구조로 단순하나 사라지는 듯 움직이는 형식의
천지의 중심을 만든다.

기년전과 주변 회랑
하지(夏至)에 드리는 제식을 통해 천자가 지닌
권위의 신성함을 상징한다.

기년전
넓은 면적에서 간결하면서도 완전하게 느껴지는
구조로 실재를 초월하여 우주적 심오함에 도달한다.

신성함을 빌리는 것은 인간의 오래된 습관이다. 유교의 천(天)은 인격적 신이 아닌 유기체적이고도 질서정연한 '우주'를 뜻한다. 또한 춘추시대 이래 형이상학적으로 인문적 가치가 부여된 도덕화된 하늘을 의미한다. 어디까지나 이성주의적인 가치로, 신을 위해 인간이 존재한다기보다 인간이 지향하고, 본받아야 할 도덕적 하늘로 이해된다.

신이 없는
신전

신이 없고 배후 세계를 인정하지 않는 비종교적인 중국인들에게 종교는 그들의 특이한 현실지향적인 세계관을 반영한다고 볼 수 있다. 눈에 보이는 현상이 진실한 세계가 되면 현실 속에서의 어떤 사회가 되어야 한다. 하지만 현상계 너머의 세계를 인정하는 세계관은 진리가 관념 세계 속에 존재하게 된다. 완전한 것은 모두 저 세상에 있고, 이 세상에는 항상 부족한 것만 남게 된다.

유교는 천리를 설정하여 현실계에 완벽한 일종의 이데아인 '이(理)'를 만들어 보편적이고 객관적인 실재론을 만들었다. 이러한 신관은 현상계 너머에 보편적 신의 개념을 중심에 놓고 있는 다른 종교들과 확연히 구분된다. 그러면서도 현상계 속의 자연 그 자체에 신성성을 강하게 부여하여 하늘을 인간과 관계 짓는 강력한 주재자로 설정한다. 제식 행위를 필요로 하는 이면에는 주재자로서의 천을 설정함으로써 인간을 우주 전체에 관련시킨다. 더 높은 인간성의 고양을 추구할 수 있다고 생각했기 때문이다.

유가에서도 가장 비종교적이었던 순자(荀子)는 천지와 선조, 성현에 대한 제사를 예의 세 가지 근본이라 하였는데 이것은 '근본으로 돌아감을 뜻하는 것이지 구복(求福)을 비는 것이 아님'을 말했다. 곧 유가의 제례는 신이 없는 인본적 활동으로 예의에 내포된 교화적 기능을 수행함을 뜻하게 된다. 하늘의 뜻을 받들어 펼치는 천명사상 또한 전제적 통치를 효과적으로 이루어내는 보편적이고도 다소 초월적인 철학적 체계로 발전한다.

기원전 한나라 무제(武帝)는 철학자 동중서(董仲舒)에게 국가 통치를 위한 정치 이념을 유교의 우주론적 철학 체계에서 황제를 중심으로 체계화할 것을 요구한다.
이에 충실한 그는 이후 수천 년 동안 군주로 하여금 모든 것을 불식시키고도
남을 만한 강력한 이념인 '국가 유교적 천명사상'을 정립하여 무제에게
선사한다. 유교는 지성주의에 의한 실용과 실의를 중시하는 경향을 갖고
있었다. 신도 현실 너머에 존재하는 것이 아니다. 천명을 따르는 것을 일컬어
성^誠이라 하는데 그것은 우리의 본성과 이미 관계되어 있어 각자의 자연성과
욕망을 극복하여 성이라는 보편적 시스템에 따르는 것임을 강조하였다.

　　　유교의 바탕 위에 세워진 권력 옹호와 정당성 확보로 이후 천자로서
황제의 지위는 이전보다 더욱 견고히 틀을 갖추어 격상되었고, 동시에
민심의 하늘에 대한 믿음과 의존은 천자인 황제를 구심점으로 통일될 수
있었다. 이것은 계속되는 이민족의 침입과 농경문화를 기반으로 한 거대한
제국사회에서 황제의 통치권을 어떤 정책보다 공고하게 만드는 원리로 가장
권위 있는 힘을 효율적으로 행사할 수 있게끔 하였다.

천지와 감응하는
중화의 정치

천명으로 다스리는 정사는 곧 신성한 것이다. 제식 행위는 신성함을 드러내는
필수불가결한 요소로 하늘의 도^道를 밝히는 천자의 권한이자 권위의 상징이다.
황제는 세계의 중심에 자리하여 천상 세계와 지상 세계를 조화시키는 현상계의
상징적 실체로 제례를 수행해야 했다. 그래서 황제는 천지와 성현과 선조에 대한
제사를 지냈다. 하늘은 양의 땅인 북경의 남쪽에, 땅은 음으로서 북쪽에 단을
설치하였고 일단은 동쪽, 월단은 서쪽에 두었다. 그리고 성진·뇌·전·풍·우^{星辰 雷 電 風 雨}를
비롯한 명산대해의 자연에도 제사를 지냈다. 태산을 비롯해 '오악'^{五岳}으로
불리는 다섯 개의 산, 기산을 비롯한 오진의 다섯 산^{五鎭} 그리고 네 개의 바다에
단을 두어 제사를 지냈다. 이와 함께 공묘를 비롯한 학자와 영웅들을 위한
묘를 두었다. 수많은 사묘와 함께 태묘를 비롯한 각 가정의 조상들을 모시는
제사로 이어지는 것이 종법 예제였다. 이 모든 것에는 각각의 신이 있어 풍작과

사람들의 화복을 지배한다고 믿었다.

통치자의 행동도 하늘의 의지를 빌려 만들어지는 것이었다. 국가적
대례로 치러지는 의식들은 윤리적이며 미적인 고려와 배려로 우주적 숭고함을
불러일으켜 하늘의 뜻을 받들었다. 이는 통치상의 실제적 필요에 의해 요구된
것임에도 종교적 경건함과 장엄함을 갖춘 성공적인 이념과 예술적 요식
행위였다. 유교 철학이 인간이 깨달은 인문의 이치에 의한 천지의 조화라면,
산출된 제식 행위들과 그와 함께한 유교 건축은 실질적인 정치적 효용성으로
하늘과 융합하는 통치를 미적으로 보여주는 역할을 하였다. 천자의 주재하에
하늘과 땅의 모든 자연이 상보적 관계로 하나가 됨을 이루어내는 천단(天壇)은 자연의
이치 앞에서 인간이 어떻게 합일하고자 했는가를 상징적으로 보여준다.

천단은 명대 영락(永樂) 5년인 1407년에 착공하여 13년 만인 1420년, 명
조정의 북경천도와 때를 같이하여 자금성과 동일한 시기에 창건되었다. 청나라
부흥기인 건륭제(乾隆帝) 때 재건되었으나 기본 건축 형식은 명대의 원래 형식을
보존하고 있는 중국 최대의 제사 건축군이다. 하늘을 지고무상의 최고 위계로
하는 유교의 종법 예제가 반영되어 있는 천단은 전체적 구조가 천원지방으로
천리의 모습인 하늘의 원형과 땅의 사각형의 조합을 기본형식으로 삼았다. 양의
수인 홀수, 음의 수인 짝수 등을 이용한 주역의 상징적 숫자들을 반복적으로
사용하였다. 색채는 하늘의 청색, 땅의 황색, 태양의 적색·백색·녹색을
사용하는 등 음양오행의 원리로 안배되었다.

천단의 숲
자금성의 네 배에 달하는 면적의 상록수 수림으로
둘러싸여 있다.

기년전의 원형처마
천상을 향하는 거대한 탑이 아니라 천상의 중심에서
무한한 힘이 응축되어 도는 듯 기를 쏟아내린다.

기년전 내부
원형 단청의 움직이는 듯한 회전성으로 방향을
잃게하여 그 크기를 인지할 수 없게 만든다.

유교 공간 원리의 핵심인 음과 양은 어느 한편으로 치우치지 않는 중과 ^中
서로 감응하는 화의 관계를 나타낸다. 중으로 화하여 전체를 포괄하는 우주의
모습, 그 자체는 하늘의 이치를 현세에 구체화하고 보편화하고자 하는 목적을
가진다. 담장의 북쪽은 원형이고 남쪽은 방형으로 원과 사각이 결합된 형태를
하고 있다. 주요 제사 건축물인 환구단, 기년전, 황궁우는 모두 원형의 평면과
지붕과 기단으로 되어 있고, 기단의 바깥쪽 담장은 방형으로 둘러졌다. 황궁우
기년전의 낮은 담장의 지붕은 모두 남색의 유리기와를 사용하고, 색채의
경우 토지와 하늘을 나타내는 황색과 남색을 사용하였다. 이것은 객관적인
자연환경이며 정신적인 상징의 근거가 된다.

푸른 사각의
구름바다

천단은 숭경과 추념의 상징적 의의를 가지는 상록색의 소나무와 측백나무로
조성된 넓은 백림의 거대한 사각 숲 속에 자리한다. 오랜 세월의 영기와 정령이
서린 나무들은 우리를 이 세계로부터 천상 세계로 안내하며 천인합일을 위한
통로 역할을 한다. 자금성의 4배에 달하는 폭 1,700미터, 길이 1,600미터, 면적
280헥타르의 천단 전체 면적 중 대부분은 숲으로 조성되어 있으며, 건물군은
그중 일부에 지나지 않는다. 자태가 곱고 변하지 않는 차분한 색조를 가진
상록수를 능묘 건축 주변에 심는 것은 오래된 전통이었으나 천단처럼 거대한
면적 전체에 상록수를 심은 것은 전통의 차용이기보다는 전통과는 다른
새로운 형식이다. 이는 신성한 장소로서 적합할 뿐 아니라 주변의 아무것도
보이는 것 없는 거대한 숲 그 자체가 하나의 건축이 되어 천상과 연결되는
지상의 천상이 되게 한다.

　자연적 조경 공간이 주는 숭엄하고도 신성한 장을 전체적으로 조성한
구조는 넓은 천단 면적에서 건물을 간결하면서도 완전하게 느껴지는 구조로
만들어 제례의 격식을 드러내기에 적합하게 한다. 이 의례적이고도 진지한 숲을
통과했을 황제는 서쪽 재궁에서 제사를 지내기에 앞서 이곳에서 묵으며 신체를

깨끗하게 하고, 천명을 받들 준비를 한다. 둘레에 호성을 판 그리 넓지 않은 공간에서 엄중한 경호하에 며칠 밤을 지내며 대례를 치룰 준비를 하는 동안 일종의 고립감을 느꼈을 법도 하다.

황제가 천명을 구현하는 권리를 부여받는 것은 일종의 양면적 가치를 가진다. 나라가 태평성대를 이루면 천자로 인정받지만 불가항력의 천재지변이라도 일어난다면 군주의 덕이 부족하다는 하늘의 신호이다. 이른바 황제의 전제권을 견제하기 위해 유학자들이 만든 '천인상관설天人相關說'이다. 하늘은 천자에게 민심으로 드러내는 편치 않은 천으로 어쩌면 이러한 이유에서라도 황제는 하늘에 잘 보이기 위해서라도 하늘의 뜻을 살펴야 했다.

하늘의 신성한 권위를 받아들일 준비가 되면 긴 숲을 지나 백석으로 쌓은 원형의 평평한 기단인 환구단에서 본격적인 제천이 시작된다. 환구단은 3층의 기단으로 되어 있는 원형단으로 주변은 두 겹으로 된 낮은 담장이 둘러싸고 있다. 매년 춘분에는 일단, 하지에는 지단, 추분에는 월단, 하늘에는 동짓날 각각 제를 지냈다. 동짓날 동틀 무렵 삼단의 백석 위에서 밝아오는 태양을 받아들이는 장면이 펼쳐진다. 서남쪽에는 높이 세운 등불 걸개, 동남쪽 모서리에는 열두 개의 철로와 유약을 발라 구운 향로에서 향기가 퍼진다. 소나무와 괴목 등의 향나무를 태운 향의 연기가 감돌고, 천연의 재료로만 만든 악기 소리가 울려 퍼져 신성하게 인간을 고양시킨다.

다른 구조물이나 특별한 디테일 하나 없이 빛만이 가득하여 주재하게 되는 단은 상단에 올라서면 아무것도 없이 하늘만 펼쳐진다. 지고무상으로 여겼던 하늘을 제사하는 곳은 원형과 방형의 낮은 담장으로 둘러싸인 3단의 원형단으로, 푸른 하늘이 주변으로 한없이 펼쳐진 것처럼 느끼게 하는 마치 우주처럼 공간적이지 않은 평평한 평대로 존재하는 천지의 중심이다. 속이 비치는 듯 하얀 백옥 위로 새벽 햇살이 비추면, 내부로 품은 빛은 돌의 물성을 사라지게 하고 투명한 듯 반투명한 바닥은 신비스럽고 명쾌하면서도 신성한 하늘의 뜻을 받드는 영역이 된다.

황궁우는 원형 구조의 천단 형식으로 기년전보다는 규모나 크기가 작은 전당이다. 평상시 천신의 신위를 모시는 곳으로 율동하는 백색의 돌 위에 지어진 청색의 원추형 지붕이 단아하고 간결한 구조로 되어 있어 호천상제昊天上帝의

기년전
시작과 끝점이 느껴지지 않는 원형의 응축점과 하늘 밖에 보이지 않는 배경 없는 배경으로 지상에서 천상을 병치한다.

황궁우
천신의 신위를 모시는 곳으로 단아하고 간결한 구조로 주변의 원형벽과 합하여 인간이 만든 신의 우주로 들어서게 한다.

패위를 모신 곳이지만 위압하지 않는다. 둘레에는 흐르는 듯 유려하게 감고
도는 얇은 원형의 회음벽이 담장을 에워싸고 있다. 담장으로 인해 원형 평면에
홑처마 원추형 지붕의 황궁우는 단청의 작은 크기로 있으면서도 조화를
이루어내는 정교한 구조가 되어 천체적 구조와 원형이 가지는 무한성의 우주적
설계도가 그려진다. 인간이 만든 신의 우주로 들어선 것이다.

지상의
천상

황궁우 뒤편 지면으로부터 4미터 가량 솟아오른 단폐교가 북쪽의 기년전을
향해 열려 있다. 백색의 높고 긴 길 아래 양옆으로 끝없이 펼쳐진 푸른
측백나무 숲 위로 폭 30미터, 길이 360미터의 남북으로 중심축을 이루는
천상의 길이다. 남에서 북쪽으로의 완만한 진행은 공중에 떠 있는 것처럼
상록수 숲으로 만들어진 구름의 바다 위로 펼쳐진다. 지상에 의지하고 있는
백옥의 구름길을 걸어 하늘에 제사를 지내는 천단의 백색 정원에 이르게 한다.

천단 전체에서 가장 중요한 기년전은 매년 여름에 황제가 풍년을
기원하는 곳으로 원형 내담의 환구단과는 달리 사각형의 담으로 둘러싸인
원형의 대전이다. 천상의 구름처럼 보이는 한백옥으로 만든 3층의 기단 위에
자리한 천상의 제단으로, 3층의 원형처마로 된 지붕은 청천(青天)의 색인 청색
유리기와로 덮여 있어 하늘의 신전임을 상징적으로 보여주고 있다. 1530년
명대에 지어진 기년전은 1899년 청대 광서 15년 벼락을 맞아 화재로 소실되고
이듬해 원형에 의거하여 중건된 것이다. 명대에는 지붕기와의 상층은 남색,
중층은 황색, 하층은 녹색의 세 가지 유리기와로 덮었으나 청대에 재건될 때
전부 남색으로 바꾸었고 정상에는 금색을 입힌 보정(寶頂)을 덮었다.

대전의 문이 열리면 지면에 깔린 한 개의 원형대리석 위에 상승하듯
꿈틀거리는 천연의 용봉무늬들과 천장에 짜여진 우주의 설계도가 우주에
우주보다 찬란한 성스러운 제단을 펼쳐놓는다. 천자는 그의 연단에 오르며
거룩한 눈길로 하늘을 바라본다.

기년전은 원형의 좁은 범위로 한정되어 있으나 실은 틀과 벽이 없는 기둥으로만 존재하는 구조로 우주가 그러하듯 공간적 기능마저 함구한 공간 없는 장소이다. 원형은 시작과 끝 점이 없기 때문에 가장 '형태가 없는 형태'라고 할 수 있다. 형태가 없어 무한하게 느껴진다. 3층의 둥근 지붕 역시 가장 적은 수로 응축된 수직적 무한의 모습이다. 형태 없는 원형과 무한의 3층 지붕으로 시간과 공간이 존재하지 않는 우주적 공간을 완전하고도 완벽한 장소로 재현하고 있다.

기년전 건물 주변으로는 하늘밖에 보이지 않는 배경 없는 배경과 함께 우주의 전체성과 시공간의 윤곽으로 짜여진 원형 건물과 원형 단청의 회전성으로 방향 감각을 잃게 하며 계속되는 움직임만을 만들어낸다. 자연과의 조화도 필요 없는 우주의 공간 그 자체로 반복 합일하여 지상에 천상을 병치해내고 있다. 인간의 우주적 깨달음이 삼차원의 공간을 그 크기를 인지할 수 없는 상태로 만들어내는 내부의 회전은 무한한 힘이 응축되어 돌며 천공의 (天空) 기를 쏟아내린다.

실제를 초월한
우주적 장소

음양오행에 따른 수학적 골격으로 재단된 천단은 풍년을 기원하는 장소였기에 농업과 관련하여 천리를 드러내는 천시의 수를 반복적으로 사용하였다. 하늘은 (天理) (天時) 양이며 땅은 음이다. 북쪽의 지단은 음의 숫자인 쌍수를 사용하여, 방형단은 2층이고 네 면의 계단은 모두 여덟 개다. 천단은 하늘을 나타내는 양의 수 중 가장 큰 수인 '9'를 반복적으로 사용하였다. 환구단은 중심 원형돌을 기준으로 사방으로 부채꼴형의 석판을 펼쳐 확산시키는 방식으로 첫 번째 줄에 아홉 개, 두 번째 열여덟 개, 세 번째 스물일곱 개, 마지막 아홉 번째 줄에는 모두 여든한 개의 석판이 쓰였다. 주위 난간의 난판수도 모두 9의 배수이다. 기년전의 3층으로 된 대전 기둥 첫 번째 층의 열두 개 기둥은 하루 12시진을 상징하며, 중층의 열두 개 기둥은 12개월, 그리고 내부의 네 기둥은 사계절을 의미한다.

천단은 수의 융합과 반복되는 구조의 순환 고리로 수적 비례와 사각과 원형의 기하학적 형태와 색만을 차용한다. 방형으로 둘러싸인 담장 안의 원형 기둥과 원형 건물은 물리적으로 강한 중심성의 운동감을 느끼게 하는 구조로 여러 겹으로 둘러싸인 사변형의 윤곽과 함께 직선적 공간 체계를 더욱 심도 있게 만든다. 천원지방의 다중적 공간 체계에서 청색의 천과 황색의 토지는 상반된 성질을 지니나 만물이 생성되고 생육되는 것에 있어서는 하나라는 듯, 천인합일은 공간 구조와 건축의 색을 통해 시각적으로도 보여준다.

예술적 표현이 이처럼 명료하고도 단순한 구조와 직접적 표현 방식으로 일관했음에도 포괄적 상징과 '9'라는 특정 숫자의 반복적 조합은 질서와 비례적 체계를 저절로 가지게 하여 미적으로도 완벽하며 단순함으로 심원해지는 방법이었다. 상징성은 단순히 상징을 차용하는 것으로 이루어지지 않는다. 미적인 형식이 되는 현실적 이유와 함께 상징을 내포할 수 있을 때 현실은 상징까지 가진 현실이 된다. 이렇게 표현된 예술은 훨씬 포괄적인 전체성을 가질 수 있기에 동양인은 형태와 의미 속에 역사성과 상징성까지도 함축해야 했다.

자연의 외양을 별 의심 없이 담아내던 고전시대의 예술에서 건축은 확실히 자연이나 대상을 모방하는 예술의 범주에 속하지는 않았다. 그것은 건축이 예술이면서도 예술이 아닌 삶의 모든 행위까지도 포용해야 하는 예술 그 이상의 예술이어야 했기 때문이다. 이미 피상적으로 눈에 보이는 현상을 재현하던 예술이 아니었던 셈이다. 우주의 묘사는 특히 그러하다. 객관적 자연을 차입할 수 없었고 오로지 심상과 철학적 구조 속에서 파악된 추상적 묘사로 담아냈다. 그렇기에 무한한 상상의 장 속에서 우주를 재현할 수 있었는지도 모른다. 그러나 천단에서 볼 수 있는 화려하면서도 우주의 구조적 실체 속으로 파고들어간 모습은 시각적으로 우주를 알고 있는 지금의 시점에서도 보는 이를 압도한다. 실재를 초월하여 우주적 심오함에 도달한 이곳은 인간의 상상이 재현한 하늘의 장소이다.

하늘의 운행에 부응하며 하늘의 뜻을 받들어 선정을 베풀어야 하는 통치는 인간과 우주를 관계 맺는 제식 행위로 천명에 견주어 부족한 군주와 신하의 도덕적 맹점을 깨닫게 해주는 문화적 수단으로 자리한다. 가슴에 우주를 품게 하는 천단에 신은 없으나 인간은 무한으로 충족된다. △

환구단

동짓날 새벽 하늘에 제사를 지내는 천지의 중심.
백옥으로 3층 기단을 쌓아 공간적이지 않은 평대로
존재하며 빛 판이 가득히 주재하여 아무것도 없이
하늘만 펼쳐진다.

단폐교

길이 360미터, 지상에서 4미터 솟아오른 천상으로
가는 다리와 같은 길로서, 안개가 피어오르면
새벽의 숲길은 구름의 바다로 펼쳐진다.

앙코르와트

물 위에 비친 앙코르와트
'완전한 세계'를 뜻하는 만다라 구조의 사원은 모든
것이 조화와 균형으로 하나가 된다.

앙코르와트 전경
앙코르와트는 시간도 마멸시키지 못할 것 같은
불멸의 이미지로 영원함에 대한 암시를 건넨다.

입구의 다리

아난타의 형상을 한 초입의 다리는 세계의 한순간과
조우한 것같이 신들의 우주로 인도한다.

예술을 따르는 여정은 늘 사람을 꿈꾸게 한다. 앙코르와트는 현재에 놓여진 과거의 꿈을 따라 미지의 세계에 도착한 여행자에게 시간도 마멸시키지 못할 것 같은 불멸의 이미지로 영원함에 대한 암시를 건네며 그 문을 열어준다.

크메르인의 수도 앙코르는 정글 속에 묻혀 있던 크메르 제국의 찬란하고 매혹적인 영화를 신과의 기억으로 되살아나게 하는 흔적들로 가득하다. 도처에 돌로 지어진 짙은 회색의 사원들은 세월의 무게를 못 이기고 균형을 잃은 벽체들로 인해 춤추는 듯한 유연함을 지니고 있다. 땅 속에 있어야 할 나무뿌리들을 지붕 위로 이고 있는 건물들은 비현실적이고, 초월적인 장면을 연출하며 이곳이 실재하는 신화적 공간인 듯 착각을 불러일으킨다.

꿈을 꾸는 것 같은 신비함 속에서도 신의 화현이었던 왕의 사원 앙코르와트는 거대한 입방체의 수면 위에서 마치 세계의 한 순간과 마주친 것과 같은 크기로 서 있다. 초입에 위치한 250미터 길이의 다리는 잠을 자는 듯 눈을 감고 있는 하늘의 신들이 영원회귀의 거대한 우주의 뱀을 줄지어 끌어당기고 있는 듯 멀리 떨어진 천상의 세계를 직선으로 현전하게 하며 신들의 우주로 들어가게 한다.

자신을 힌두교의 신 비슈누^{Visnu}와 일체화 시켰던 수리야바르만 2세^{Suyavarman II}에 의해 건축된 앙코르와트는 '비슈누의 성스러운 거처'이다. '끝없음'이라는 뜻의 거대한 뱀, 아난타^{阿難陀}의 몸 위에 누워 우유^{優柔}의 바다를 떠다니며 꿈을 꾸고 있는 대주재의 신 비슈누는 자신의 배꼽에서 피어난 연꽃에서 우주와 인간을 창조하고 다스리는 비인격적이며, 형이상학적 실체인 최고의 신 브라만^{Brahman}을 탄생시킨다. 100년이 하루인 1겁의 시간이 경과되면 창조와 파괴의 신 시바^{Shiva}는 또다시 세계를 불과 홍수로 완전히 해체하고, 비슈누 안으로 흡수된다. 잠 속에서 세계 창조의 작업을 하는 '세계를 낳은 자'인 비슈누에게 세계는 그의 꿈이다. 해체적이면서도 완전무결한 비슈누는 브라흐만 그리고 시바와 함께 삼위일체를 이룬다. 그의 꿈속에서 또 꿈을 꾸는 신들은 다시 여러 인격과 이름을 가진 인간이나 동물의 신들로 화현한다. 어떤 언어적 표현도 초월하는 시적인 신화들로 가득한 신들의 세계에서 신들은 하나의 궁극적 실제로도 연결된다.

수미산
건축을 수미산의 도상으로 표현한 것으로 경계가
있으나 모호하여 경계를 넘나든다.

연못과 회랑들
끊임없이 연결되는 회랑의 벽과 기둥들은 트여 있어
벽이 없는 내부는 외부로 열린 벽으로 확장한다.

수련의 향기 위로 부유하는
만다라

앙코르와트는 전형적인 만다라[曼茶羅] 구조의 사원이다. 힌두교에서 만다라는 '중심, 본질을 소유하는 완전한 세계'를 의미한다. 우주의 본질이 가득한 깨달음의 경지를 도형화한 것으로 2차원의 도형인 동시에 다차원으로 연결된 시공간이 중심이며, 서로 복합적으로 연계되어 있다. 만다라의 구성은 모든 것이 조화와 균형으로 하나가 됨을 상징한다. 원과 사각형을 기본으로 하는 중심 체계를 가지며 우주의 힘을 모은 그 중심에는 부처로 대변되는 신이 된 인간이나 영원한 진리의 상징인 연꽃이 있다. 가득 채운 것 같은 빈 사각은 삶의 다양한 모습을 반영하는 지·수·화·풍·공[地 水 火 風 空]의 5대 존재 요소를 상징하는 백·청·황·적·녹색의 다섯 가지 색으로 되어 있다. 이는 사방으로 뻗어나가는 법의 역동성을 암시하며 삶의 중심을 깨우칠 수 있도록 도와준다.

앙코르와트는 하나하나의 말단에 이르기까지 모두가 모든 법을 원만히 다 갖추어 모자람이 없는 진실이며, '모든 것이 만족되어 있다'는 깨달음의 경지를 '수미산[須彌山]'이라는 하나의 도상으로 표현한 것이다. 이 도상은 경계를 3중으로 건립하여 다른 차원들로 나누는 공간적 구조를 가지고 있으면서도 경계가 모호하여 전체성과 개별성을 동시에 갖으면서도 완성되는 순간 지워져 버리기도 한다.

2차원의 만다라를 다차원의 시공간 조직으로 만들어놓은 듯 해자를 통해 바라보는 앙코르와트는 3중의 다층적 구조와는 달리 저 멀리 있는 탑들과 공간적 거리감이 없어 마치 평면상에 있는 거대한 환영처럼 보인다. 세 겹의 세계는 모두 전면으로 하나의 세계가 되고, 공간감과 거리감이 사라진 일체를 이룬다. 이 하나는 내부로 진입하면서 세부적이면서 다양한 개별 세계를 보여준다. "비슈누가 세 걸음을 내디딤으로 대지의 영역을 하늘로부터 가르고, 상층의 하늘을 떠받쳤도다. 그가 내딛은 삼보 속에 모든 존재들은 거하도다"는 힌두교 경전 『리그베다[Rig-Veda]』의 구절에서 비슈누의 세 걸음은 세 영역으로 나눈 무한의 형식인 '3'이라는 수로 신적 행보를 암시한다.

나누었으나 경계가 모호하여 무한히 느껴지는 상징적 숫자 '3'은 만다라의 형식과 연결된다. 이는 세 겹으로 이루어진 각각의 벽체들을 다시 세 겹의 사각으로 만든 앙코르와트의 기본적 구조를 이룬다. 1층은 지하계, 2층은 인간계, 3층은 천상계로 나눠지는 3중의 구도는 이 세계의 주기와 삶처럼 서 있는 위치에 따라 존재하고 소멸한다. 탑이 없는 듯 수시로 사라지고 다시 나타나는 세계의 중심인 탑들은 때론 세 개 혹은 다섯 개로 변신하는 듯 보이고, 끝없이 반복되는 십자형의 통로들은 시방의 방향으로 무한히 확장된다. 마치 만다라의 5색이나 10,000색을 담은 듯 섬세하고, 개별적인 수많은 조각들과 부조들이 이룬 하나의 톤은 전체적으로는 수미산 정상인 중앙탑으로 통합되어 신들의 세계인 만다라를 그려낸다.

크메르 제국 번영의 원천이었던 방대하고 치밀한 수리 시설은 앙코르와트를 저수지의 역할로 하여 호수 한가운데 건축하게 하였다. 세상 끝인 성벽 밖으로 무한히 확장하는 만다라처럼 태초의 바다를 상징하는 200미터의 해자가 건물을 다시 둘러싼다. 겹겹이 쌓인 평행의 돌 기단들 위로 자리한 사원은 대지의 선과 좀 더 거리를 둔다. 지상의 표면인 대지를 직접적으로 접하지 않음으로 멀리서 보면 우주의 바다와 산이 마주하는 지상은 없는 것 같은 천상의 건물로 장엄함을 구현한다. 중심은 서로 마주하지만 중심에서 비중심으로 전도되어 사실 너머의 사실을 이미지로 만든다. 각 영역이 구별되면서도 날아갈 듯 자유롭고, 모호한 건물은 마치 비슈누의 꿈처럼 지상에 뿌리내리고 있지 않는 관념 속 상상의 수미산과 추상적 만다라가 재현된 꿈의 공간을 이룬다. 가장 무한한 것은 자유로운 상상을 넘나들어 몽환적이며, 비사실적인 영역의 거대함은 인간 정신의 비밀을 간파한 여름의 편안함 속에서 물을 덮은 수련의 꽃향기 위로 부유한다.

앙코르와트의 중앙탑
우주의 정상에서 천상의 바다에 몸을 깊이 담그고 대지에서 태어난 영혼은 시간과 존재에 종속되지 않는 우주적 바탕에 합치한다.

명상의 방

시간을 거슬러 올라간 최초의 빛인 양 신성한
빛으로 가득한 열주와 통로.

압살라 선녀들과 왕의 전투 장면 부조

환영의 색체를 띠는 마술 같은 빛의 음영들로
그림자와 같은 부조는 미세한 움직임을 가진다.

최초의 빛과 조각으로 빚은 회랑

기본적인 사각의 형태로 무한한 중첩을 이루는 벽들은 각층의 외부에 회랑을 두고 있다. 외벽에 조각된 가상의 문은 신만이 드나들 수 있는 열리지 않는 벽으로 되어 있으며, 안쪽 벽 내부는 사각 기둥의 이중 회랑으로 트여 있다. 1,000개의 불상이 대칭으로 늘어서 있던 첫 번째 회랑은 아치 모양의 석조 지붕과 유연한 곡선의 부조들이 조화롭게 연결된다. 사원의 입구 십자형 통로는 몇 겹의 시간을 거슬러간 최초의 빛인 양 신성한 빛이 사방의 통로와 열주 사이를 비추고 명상의 방을 관통한다. 암굴 벽과도 같은 통로의 끝에서 시선이 멈추는 곳에 또다시 열리는 무수한 공간들은 물질과 빛 사이의 항구적인 힘을 가늠하게 한다. 에메랄드가 박혀 있던 각각의 십자형 공간에는 우주와 인간의 심장을 동시에 상징하는 연꽃 보좌 위에서 명상하는 붓다가 있다. 원래 비슈누가 있던 자리에 놓여진 붓다는 우주와 나를 동일한 자아인 아트만으로^{Atman} 연결시키며 좁지만 사방의 빛으로 영적 결합을 하고 있다. 환영의 공성이 숨 쉬는 이곳에서 황금빛 옷을 입은 수도승이 향을 피우고 꽃을 바친다.

앙코르와트의 세부는 조각으로 이루어졌다. 820미터 회랑의 벽은 수리야바르만 2세가 자신의 신적 행동을 기록해놓은 부조로 장식되어 있다. 코끼리 등과 스무 개의 구름 같은 양산 아래서 신처럼 앉아 백성과 병사들의 추앙을 받은 왕은 신의 화신이었다. 베트남 참족들과의 전투 장면을 인도 신화의 한 장면같이 새겨놓은 이들의 역사는 크메르 문화에 담긴 힌두교의 영향을 느끼게 한다. 지식을 필요로 했던 왕은 주술적 신비함을 지닌 힌두교의 성직자 브라만들과 손을 잡음으로 인도 문명을 앙코르의 혼으로 탄생하게 하고, 힌두교식 왕실 의식은 왕권을 신권으로 격상시키게 된다.

사실적이면서도 동시에 환상적인 조각들은 "공간의 가운데에 우뚝 서서 태양을 잣대 삼아 땅을 나누었다"는 『베다』^{Veda}의 찬가 속으로 크메르인들이 소생되어 걸어오는 소리가 들리는 듯하다. 영적 색채를 띠는 마술 같은 빛의 음영들로 그림자는 빛과 꽃으로 빚은 듯 아름다운 압살라 선녀들의 몸을 부드럽게 감싸고, 바람에 날아갈 듯 춤추며 전투를 벌이는 전사들은 장대한

장면 속에서도 미세한 움직임을 가진다. 그들의 생기 넘치는 몸은 긴장을
모르며 거대한 건축 공간에 넘쳐흐른다. 역사적이고 연대기적인 과거의 일을
눈에 보이는 서사시로 만든 신성한 조형적 표현은 그들의 찬양에 대답하는
시바의 숨결 속 황금의 별처럼 빛나는 화려한 바다 위로 춤추듯 이동한다.

천상의
바다

우유의 바다에서 태어났다는 천상의 무희인 1,500명의 압살라가 끝없이
춤추는 2층 회랑을 지나 수미산 정상인 3층으로 올라간다. 천상으로 오르는
70도의 가파른 우주의 계단은 우주적 힘의 응축성을 강조한다. 힌두교의
서사시 ‹마하바라다›(摩訶波羅多)에 묘사된 수미산 정상은 태양으로부터 내려온 것으로
‘광채’라고 이름 지어졌다. 이곳은 온갖 보석들의 광채로 벽을 장식한 곳으로
일반인들은 접근할 수 없었다. 다만 맑고 시원한 바람과 각종 향기로 가득하며,
삼세를 넘어서는 모든 것의 자아인 브라만의. 의식만이 있을 뿐이다. 브라만의
의식은 ‘깨어 있는 것’ ‘꿈을 꾸는 것’ ‘숙면으로 어떤 욕구도 없는 것’ ‘앎조차도
없는 무상’의 네 부분으로 이루어진 적멸의 상태로 이룬 자아이다.
　　　사원의 정상으로 들어서면 하늘의 영광된 궁전이 상계(上界)에서 영원을
감지한 듯 자신을 현상 세계의 매트릭스처럼 다른 장소로 이동시킨다.
사각형을 ‘十’자형 회랑으로 나눈 네 개의 빈 공간은 사각의 연못으로 원래
물로 채워졌었다. 브라만의 자아처럼 사분으로 분할된 사각의 물 위로 하늘이
비치면, 이곳은 위아래로 하늘만이 존재하는 공간마저도 부재하는 대공의
공간이 된다. 사각의 물의 중심에 42미터 높이로 치솟아 있는 비슈누를 모셨던
연꽃 모양의 중앙탑은 우주 힘의 핵처럼 자리하는 환상의 상상계를 이룬다.

경계 사이의 마당
열리고 막히는 회랑 사이에 또다시 외부로 열리는
무수한 공간들은 물질과 허공 사이의 항구적인 힘을
가늠하게 한다.

앙코르와트의 경계벽
3중의 경계로 건립하여 개별의 벽을 가지고 있으나
빈 회랑들과 끊임없는 반복으로 경계는 모호해지고,
다차원의 시공간 조직을 갖는 환영이 된다.

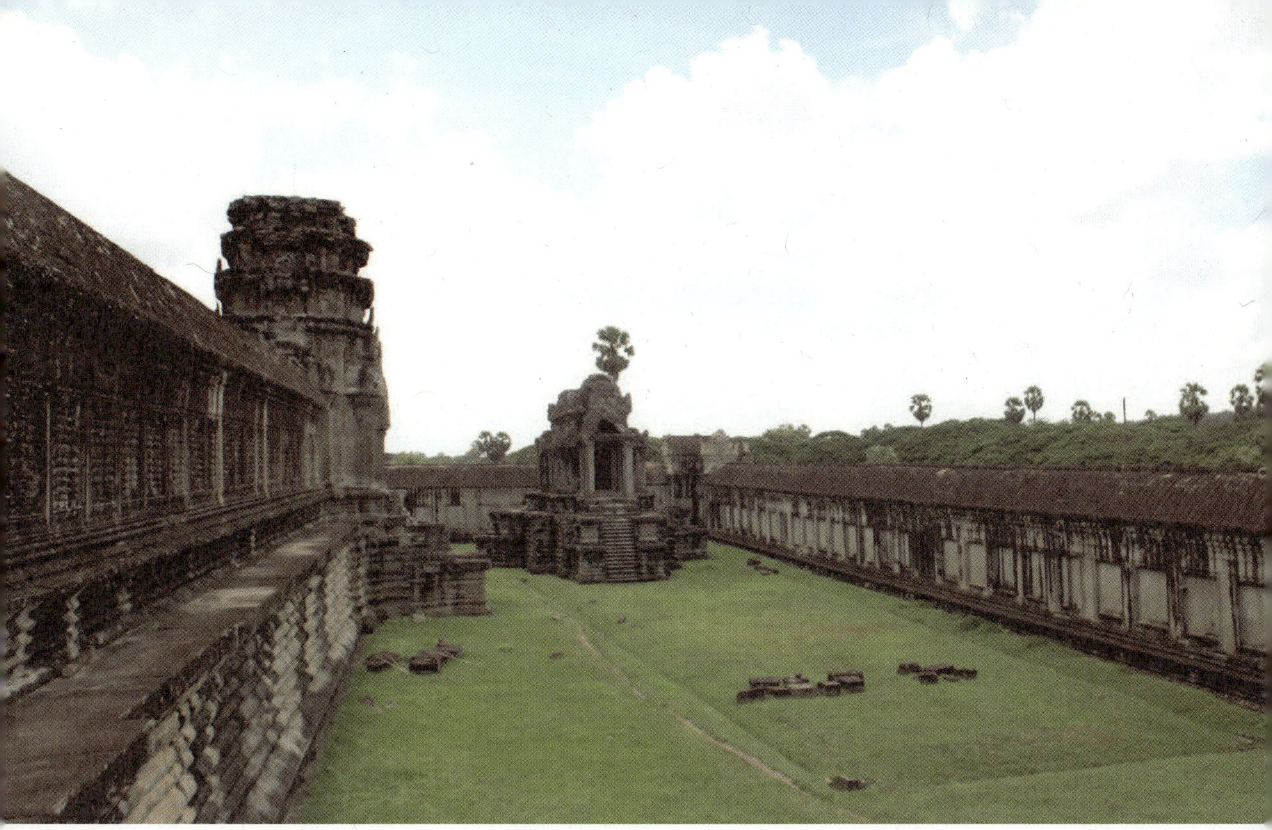

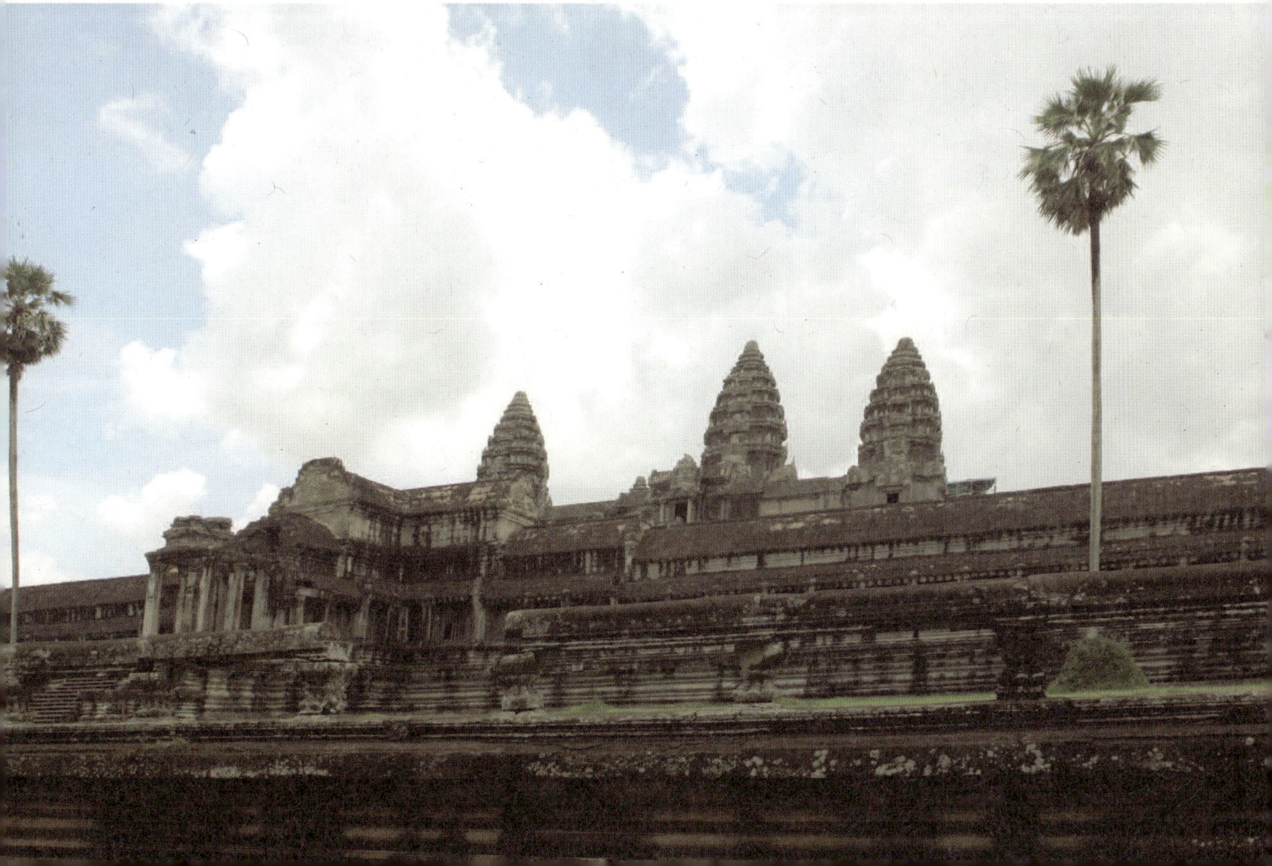

수미산의 탑
바라보는 위치에 따라 탑은 세 개, 다섯 개 혹은
하나도 없이 사라지는 비정형의 건축으로 변모한다.

중앙탑을 중심으로 네 개의 탑이 천상의 바다 위에 떠 있는 이곳은 만다라인 수미산의 정상이다. 지상에 못 박혔다고 믿는 인간은 온 우주를 비추는 하늘의 존재가 되고 하늘을 담은 물의 대양, 고도의 낙원 물 위에 떠다니는 조각상의 신들과 함께 이 우주의 바다에 몸을 깊이 담그고 유영한다. 달을 담고 태양을 담은 이곳의 대지에서 태어난 영혼은 하늘과 바람의 숨결로 다시 태어나고, 시간과 존재는 서로 종속되지 않는 우주적 바탕에 합치한다.

앙코르와트는 후일 참족들과 똔레삽 호수에서 대규모 수상 전투를 벌여 승리한 자야바르만 7세 때 붓다의 사원으로 변모된다. 자신을 자비의 보살인 관음보살의 화신으로 여겼던 그는 인간의 욕망과 신의 지속적 영생을 동시에 추구하여 앙코르의 화신이 된 꿈꾸는 미소의 조각으로 남아 있다. 그의 운명인 인간을 잊고 신이 되고자 한 영웅적 욕망과 환상이 스스로를 잊은 듯한 존재감으로 투영된다. 앙코르와트처럼 만다라를 건축화한 보로부두르 사원의 탑들은 끝없이 똑같은 반복을 통하여 무형의 유한을 표현하려 한다. 이는 고대 인도의 서사시 〈마하바라다〉에 나오는 수없이 계속되는 형용사구들처럼 끝없는 반복을 통하여 무한의 경험을 불러일으키는 것같이 보인다. 부처가 되는 것은 요구되는 것이 아니라 원래 구족되어 있으며, 생멸의 끊임없는 변화 속에서 아직도 형태 없는 신격으로 태어난다고 믿는 수많은 부처들의 관념으로 전형적인 불교의 무한을 말한다.

불확실성에 근거한 종교는 실로 진실을 넘어서는 효용을 가진다. 천상 세계에 대한 동경과 실현의 욕망은 그것을 누릴만한 권력을 소유한 자들에 의해 이루어졌다. 통치를 넘어 신이 되고자 했던 지배자들은 신을 끌어들이고, 신을 창조하여 자연 앞에 연약한 '단지 인간 밖에 되지 못하는 괴로움'을 털고 자신 또한 신이 되어 앙코르와트를 남긴다.

어슴푸레한 저녁 하늘은 어떤 위대한 몽상가의 꿈인 듯 거대한 잠처럼 부풀어 올라 서 있는 앙코르와트를 만다라의 수미산을 잠으로 이끈다. 수면으로 사라지는 물 위의 연꽃들은 깊은 밤 속의 별로 소생하고, 그 속에서 인간은 우주를 왕래하며 꽃들의 둘레를 휘감는 꿈을 길어 올리기 시작한다.

△

천사의 사원

몽생미셸
수도원

몽생미셸 전경
신비하고 폐쇄적인 수도원의 정점에서 칼을 들고
서 있는 대천사장은 순례자의 영혼을 천상으로
인도한다.

몽생미셸 전경
대양과 하늘의 광대하고도 순결한 모습을 배경으로
지상에서 한없이 평화로운 천국의 모습을 간직한다.

프랑스 노르망디 해안에는 신석기 시대와 고대 로마시대부터 신들의 제사
장소로 쓰이며 '죽은 자의 섬'으로 불리던 무덤산, 몽통브가 있다. 물과 모래의
^{Mont-Tombe} 회색 늪지대 저편, 단단한 대지로부터 치솟은 이 성운 같은 삼각형의 물체는
하늘에 도달할 듯 거대한 실루엣을 이루며, 마치 태곳적부터 꾸어온 꿈인 양
장대한 기억을 품으며 검고 깊은 통일 속으로 사라진다.

　　　　8세기 초 악마의 폭풍우가 바다를 일으켜 몽통브를 집어삼킬 듯 밀려올
때 황금 날개를 달고 장검으로 무장한 대천사장 미카엘은 악마 루시퍼의
화신인 용을 물리친다. 천상의 싸움이 있은 후 미카엘은 아브랑슈의 주교 성
오베르에게 사원을 건설하도록 허락한다. 그는 미카엘 경배지인 이탈리아 남부
몬테가르가노를 본 딴 작은 예배당을 암벽 위에 봉헌한다. 대천사 미카엘의
영대와 발자국이 찍힌 대리석판을 성물로 모신 후, 몽생미셸 수도원은 하늘로
올라가는 순례자들을 이끄는 왕국으로 탄생한다.

중세의 정신
로마네스크

중세는 르네상스의 인본주의적 시각으로 보면 암흑의 시대였지만 한편으로는
위대한 신앙의 시대였다. 중세의 신앙은 영주들을 포함한 대부분이 문맹이었던
사람들에게 하늘의 고귀한 빛을 향해 고행의 순례를 떠나게 만들었고,
힘겨웠던 삶을 고무하는 역할을 했다. 신앙은 삶의 커다란 진보를 가져온다.
또한 그리스도교를 중심으로 신앙과 이성이 결합된 스콜라 철학으로 인해
사상적으로도 장중한 색채를 더했다. 이 중심에는 수도원이 있었다.
이 시기의 건축 양식인 로마네스크는 순례자들을 통해 퍼져나가 중세 전반을,
고딕 양식은 12세기 이후의 중세를 장식한다.

몽생미셸로 연결되는 제방
태곳적부터의 장대한 기억을 품고 있는 수도원은
순례자들을 하늘 높은 곳으로 인도한다.

보통의 수도원이 로마네스크 양식이라면 몽생미셸은 로마네스크와
고딕의 두 가지 양식이 조합된 중세 문화의 산물이다. 아우구스티누스는 "나는
신과 영혼을 알기 원한다. 그 밖에는 아무것도 원하지 않는다"는 말로 내면적
관찰을 통한 영혼의 활동을 기술했다. 영혼을 살아 움직이는 감각적인 긴장과
마찬가지로 정신에 있다고 생각한 그는 인간을 정신적 생명체로 보며 '죽어
버릴 이 세상의 육체를 사용하는 이성적인 영혼'으로 여겼다. 이러한 말들은
자연스레 신비주의적 추세를 유도하였고, 수도사들이 정신적 삶을 위해 자신의
모든 것을 헌신할 수 있었던 배경이 된다.

로마네스크 양식은 삶의 영적인 부분이 반영된 인간 정신의 피조물로
고딕처럼 하늘을 향해 있지 않아도 영혼은 높은 곳으로 열려 있었다. 장식은
엄격히 통제되고, 인간적 욕망이 사라지며 신의 영광을 드러낸다. 둥근 아치와
거대한 벽과 작은 창문 등 모든 관심이 침묵으로 열리는 이곳에서 지고한
정신의 조형성만이 환기력을 지닌 신성함으로 기능한다.

성 일드베르 <small>St. Hildebert</small> 수도원장은 11세기 로마네스크 전성기 양식에 이탈리아
롬바르디아의 뛰어난 기능공을 불러와 대천사의 수도원을 건설하게 된다. 필사
본실이자 학술 회의실로 쓰였던 '기사의 방'은 둥근 창문으로 들어오는 선택된
빛과 연속된 아치, 미니멀한 기둥으로만 이루어진 공간으로 마치 성인의 영혼을
보는 듯한 성스러움을 풍긴다. 이곳 성산 <small>聖山</small> 의 형제들은 '도서 왕국'이라는 별칭을
가질 정도로 벽을 뒤덮은 서적들 속에서 신의 서적들만이 아닌 동방의 자연
영 <small>靈</small> 으로부터 창조된 그리스어와 라틴어로 된 사상서들과 수많은 세속 학문
개론서들을 필사한다. 지성을 가장 고귀한 것으로 여기는 중세의 지식인들과
그 내용에는 별 관심이 없이 단순히 공들여 베끼는 것만으로 천국에 갈 수
있다고 믿었던 브르타뉴 방언을 쓰는 평범한 수도사들도 섞여 있었다. 이들은
단순하고 치장되지 않은 검박한 옷을 입었으나 그 옷은 귀족의 자제를 감쌌고,
정신은 신성함을 향했다.

우아한 늑골궁륭 <small>肋骨穹窿</small> 아래서 빛을 가져오는 두꺼운 벽에 드리운 고요한
채광은 아무 장식 없는 돌들에 스며들었다. 전쟁과 사냥이 아닌 포도 재배
등의 농사와 필사의 수고는 귀족적 검박함이라는 특유의 품위를 풍기는
로마네스크와 하나로 어우러진다.

옥상정원의 회랑

욕망을 거세당하고 기다림을 바친 수도사들은 꽃의
열주로 둘러싸인 아름다운 공간에서 잠시나마
그들의 정신을 위로한다.

대식당
좌우 양면의 전체가 창이지만 보이는 위치에 따라
열주의 빛으로도 보이는 빛의 벽에 수도사들의 성경
낭독 소리가 공명하며 퍼진다.

내부 홀
귀족적 검박함의 품위로 신성함을 감싸는 수도원의
내부 공간.

수도사들이 찬과 의식을 올렸던 대식당은 바위산에서 40미터쯤 허공에 떠 있는 듯 보이는 곳에 위치한다. 벽면에 차례로 늘어선 얇고 널따란 채광 벽은 기둥 없는 공간을 받치는 튼튼한 벽이 됨과 동시에 고딕 같은 넓은 창을 만들어 최대한 빛을 받아들여 깊고도 밝은 빛을 전체 공간에 은은하게 퍼지게 한다. 또한 보는 위치에 따라 전체가 열주의 빛으로 보이는 '빛의 벽'이 되며 수도자들의 성경 구절 낭독소리는 빛의 공간 안에서 공명하며 퍼진다.

하나하나의 개별 영혼을 가진 듯한 수많은 방들은 수도원의 전형적인 평면을 따를 수 없었던 좁은 암벽지형으로 인해 불규칙적으로 자리 잡았다. 그럼에도 몽생미셸 수도원은 마치 신이 빚어낸 구도와 같은, 오히려 자유롭고 자연스러운 무위의 경지를 보는 듯한 완성도를 지닌다. 이들의 묵묵함은 신과 소통하는 자연을 닮았다. 그 속에 들어 있는 영적인 요소는 몽생미셸 전체를 신성함으로 감싼다.

절제된 인성의
고딕 건축

시간은 몽생미셸의 로마네스크적 색깔들을 지워버렸다. 아치는 부서지고 지상의 속계가 교회와 인간 속으로 들어온다. 11세기가 되자 베네딕트 수도회의 쇠퇴와 함께 세속적 생활이 성인들의 계율 위에 서기 시작했다. 고딕의 등장은 보다 세련된 가볍고도 높은 구조물을 만들어냈다. 이처럼 혁신적으로 높은 구조의 디자인은 천상을 향했지만 동시에 인간의 일상적이고 비종교적인 묘사도 허용하게 된다. 외진 곳이나 골짜기에 있던 로마네스크가 철저히 신 중심이었다면 도시의 고딕은 당시 영적 생활이 더 이상 존재의 유일한 목적이 아니라는 파격적인 진보였다.

왕의 조언자이자 교황청의 특사였던 에스투트빌^{Estouteville}은 수도원장으로 부임하면서 시대 사조에 발맞추어 고딕의 성가대석을 새로 짓는다. 좁은 예배당은 가느다랗고, 긴 수직의 수많은 선들의 기둥들이 3층 아치까지 이음새 없이 이어져 높고 열린 효과를 준다. 긴 기둥들 사이로 무수히 쏟아져 들어오는

수직의 빛들만이 화려한 장식 효과를 주는 이 성전은 보통의 화려한 고딕
양식들과 달리 수도원의 고딕답게 군더더기 하나 없이 단호한 엄격함으로
일관한다. 그럼에도 절제된 생생함은 속기^{俗氣}를 떠나 있는 성전다운 풍모를 여실히
드러낸다.

　　　중정을 둘러싸고 집회실과 대식당, 부엌, 기사의 방, 취침실 등이
바위산의 구조를 따라 한층 위와 아래로 층을 이루어 자리한다. 휴식을 위해
꽃과 꽃잎들이 조각된 두께가 얇은 아치의 열주로 이어진 사각 회랑이 정원
주변을 둘러 있다. 인간의 욕망은 느낄 수 없는 다른 공간과는 달리 '너희가
고귀하게 살면 천국에 도달하리라'는 듯 욕망을 거세당하고, 기다림을 바친
수도사들에게 일종의 보상을 하는 천국의 공간인 듯 느껴진다. 섬세하고 가는
꽃의 이중 열주들은 마치 중세 때 유행했던 다성 음악 같은 리듬감을 주며,
이 열주들 사이로 북쪽의 끝없이 사라지는 희미한 갯벌이 보인다. 정신의
한없는 의욕을 지닌 주인들은 이곳에서 지상이나 지상이 아닌 것 같은
아름다움을 바라본다. 전망대를 통해 바다의 바람이 불어오면 꽃의 옥상
정원은 하늘의 중정이 된다. 본당의 앞마당격인 서쪽 옥상에서는 짙은 석회질의
진득진득한 모래가 구불구불한 물길과 섞여 황량한 듯 장엄하게 흐르는 회색
해안의 모습이 하늘에서 내려다본 것처럼 한눈에 들어온다. 일찍이 하늘로
향하는 순례자들을 집어삼켰던 악마의 바다이다.

　　　중세의 특징이었던 순례 행렬은 로마의 사도 베드로^{Apostles Peter}와 바울의 묘지,
스페인 북동부의 산티아고 데 콤포스텔라에 있는 성 야고보^{St. Jacobus}의 무덤, 그리고
대천사 미카엘의 성전인 이곳 몽생미셸로 이어졌다. 그중에서도 몽생미셸의
순례길은 노르망디 속담에 "유언부터 하고 가라"는 말이 있을 정도로 험난한
여정이었다. 순식간에 밀려오는 바닷물이나 이들을 삼켜버리는 모래 늪, 한치
앞을 볼 수 없을 만큼의 짙은 안개와 강도들도 성찰과 회개를 통해 천사장의
은총을 구하려 이 바위산으로 향하는 순례자들의 물결은 막지 못하였다.

예배당
수도원의 고딕 양식은 군더더기 하나 없이 단호한
엄격함으로 일관하나 수직의 공간으로 절제된
생생함이 속기를 떠나 성전다운 풍모를 드러낸다.

교회는 객사한 신자들의 미사를 올려주기 바빴고, 이미 중세에 형성되어 좁은
길에 늘어서 성업 중이던 호텔과 상가는 붐비는 순례객들로 속세의 수익을
올리고 있었다.

허공 같은
그림자의 수도원

시편가와 교송 성가가 음울하게 울려 퍼지고, 하늘은 어두움을 더했다.
이윽고 만조가 되자 수도원은 육지와 완전히 단절된다. 1346년 프랑스 왕위를
주장하던 영국의 에드워드 3세가 코탕탱 반도에 상륙하자 수도원은 요새로
변했고, 기나긴 100년으로 이어지는 전쟁은 수도원을 신을 찬미하는 곳으로
놔두지 않았다. 15세기 들어 전쟁은 더욱 격렬해지고, 1419년에는 몽생미셸을
제외한 전 노르망디 지역이 영국에 의해 점령된다. 전쟁으로 수도원은 파산
지경에 이르고 필사실은 폐쇄된다. 그 옛날 오베르에게 나타났던 미카엘
천사장이 이번엔 잔다르크에게 나타난다. 조국을 승리로 이끌고 백년전쟁을
종식시킨 미카엘의 기적을 보인 그녀는 전쟁이 끝나자 성스러운 이 산을 배신한
몽생미셸 수도원장으로부터 재판을 받고, 몽생미셸 수도원에 속하는 생미셸
교회 근처에서 이단 선고를 받고 화형을 당한다.
　　　전쟁이 끝나고 도시들이 비약적으로 발전하자 사람들은 고딕 성당을
찾았다. 종교적 소명은 수도원에서 멀어지면서 쇠퇴하고, 15세기 말이 되자
얼마 되지 않는 수도사들만이 수도원을 지키게 된다. 점령자에 대한 저항의
상징으로 추대됐던 전후의 영광도 프랑스 혁명 후에는 정치범들과 저항하는
수도사들을 가두는 감옥으로 변하였고, 1944년 2차 세계대전의 폭격은 천사의
성인 몽생미셸의 일부를 무너뜨린다. 대천사장 미카엘의 호위로도 종식되지
않았던 싸움과 투쟁은 그럼에도 성스러운 성채로 남는다.

옥상정원과 회랑
섬세하고 가는 이중 열주들로 둘러싸인 하늘의
중정은 지상이나 지상이 아닌 천국의 공간인 듯
느껴진다.

206

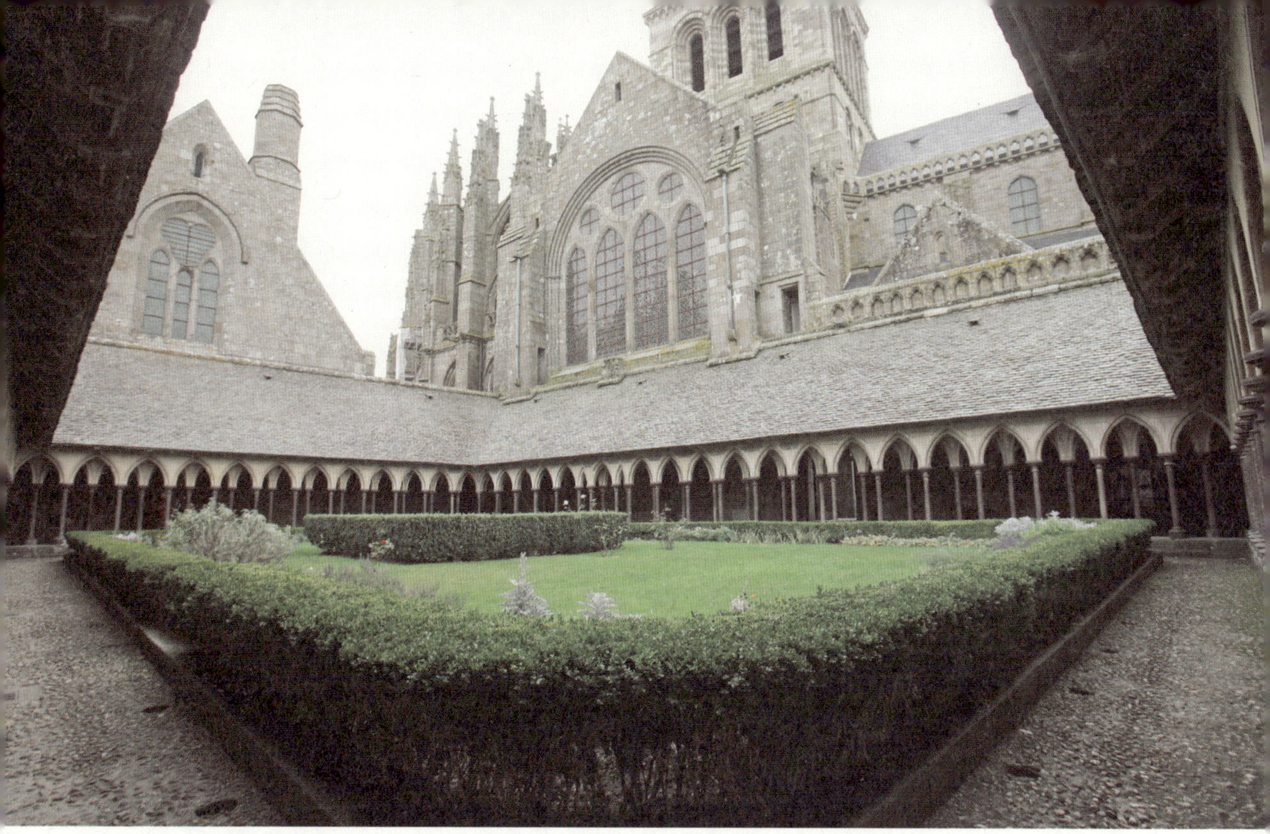

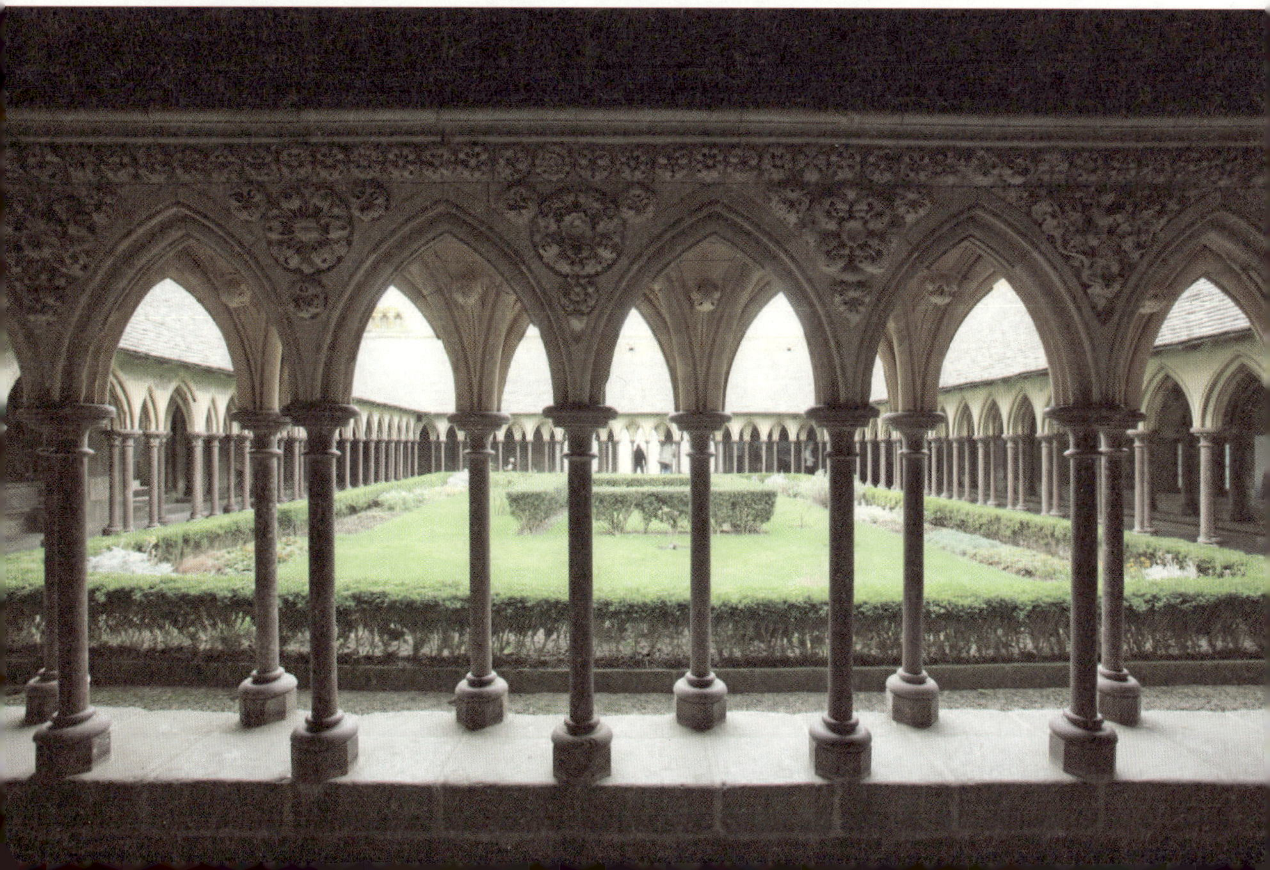

예전에 하나의 숲이었던 섬은 허리를 물어뜯는 회색빛 파도에 의해 지금은 둥그렇게 성만 남았다. 섬 전체를 오히려 하늘로 오르는 듯한 상승 구도로 만들어준 파도는 이젠 제방의 버팀벽을 부식시키고 있다. 그러나 치열한 역사만큼이나 성 둘레를 에워싼 바다는 토사를 풀어헤치는 거친 물결에도, 개흙을 부드럽게 어루만지는 미풍을 쓸어내는 밀물에도 아무 동요 없이 서 있다.

몽생미셸은 하늘과 바다 사이에서 그림자의 허공과도 같은 성인의 모습처럼 조용히 부유하듯 존재하며, 대양과 하늘의 광대하고도 신성한 순결의 아침처럼 닫혀 있는 자신을 연다. 한없이 평화로운 잔잔한 바다 위에서 그 어떤 수도원보다도 속세와 동떨어진 신비하고 아름다운 모습으로 고요하게 천국을 품는다. 칼을 들고 서 있는 대천사장은 '전쟁은 피할 수 없는 인간의 숙명이라' 말하는 듯 미묘한 날개짓을 하고 몽생미셸은 장밋빛 감도는 하늘 아래 밤의 색깔로 서 있다.

△

절벽 위의 성전
좁은 암벽 지형이 빚어낸 구도와 같은 불규칙적인
건축은 자유롭고 신성한 묵묵함으로 신과 소통하게
한다.

산마르코
대성당

바다에서 보는 두칼레 궁전과 산마르코 대성당
베네치아의 관문으로 이곳에서부터 콘스탄티노플과
시리아, 이집트로 향하는 바닷길이 연결되었다.

산마르코 대성당 내부
황금빛을 쏟아내는 다섯 개의 돔은 중심이 없는 듯
산재하여 개별적이면서도 모호하여 전체의 광휘 속에서
자유롭게 하나가 된다.

해로로 표시된 말뚝 사이를 가르는 물줄기를 뒤로하고 아드리아해의 바람을 Adriatic Sea 맞으며 베네치아로 향한다. 잠시 후 바다 저편으로 섬도 육지도 아닌 물 위의 건물들이 도열해 있는, 인공의 지상이 나타난다.

452년 로마 제국 말기 훈족의 왕 아틸라로부터 도망쳐 세상 끝 바다 Attila 개펄에 도착한 서로마인들은 말뚝을 밖아 석호 도시를 짓는다. 늪지대는 점점 단단한 지반으로 변했고, 집들은 뿌리를 내리며 솟아올랐다. 개척 이주민들은 시민의 공화국을 만들기 위해 운하를 건너다니며 모두 힘을 모아 공동의 땅과 우물을 만든다. 자원이라고는 소금과 물고기밖에 없었기에 대신 해상 중계 무역으로 살길을 모색하게 된다. 베네치아는 엘리트를 뽑아 대사로 파견한 최초의 외교 강국으로 실리를 우선한 상업주의로 부를 쌓았다. 정치제도 또한 이상적인 견제와 권력분립의 공화정제를 택하여 강대국 사이에서 1,000년을 이어온 강력한 도시국가가 된다.

하지만 더 강한 국가가 되기 위해 가장 필요한 것을 간파한 베네치아의 두 상인은 이슬람인의 약탈이 빈번했던 이집트 알렉산드리아의 한 수도원으로 St. Marco 건너간다. 이들은 성 마르코의 유골을 안전한 곳으로 모시겠다는 명분으로 수도사와 거래를 한다. 그들에게 상거래로 불가능한 것은 없었고, 유골의 진위도 사실 중요치 않았다. 이슬람인들이 기피하는 돼지고기 속에 유골을 숨겨 이집트를 빠져나온다.

성인의 유골이 도착했다는 소식을 들은 베네치아는 기쁨에 휩싸인다. 도시는 향유로 씻고 성유를 바른 성유물을 위한 찬송가가 울려 퍼졌고, 믿음 깊은 신자들은 신의 가호 아래 그들의 도시가 번창할 것임을 의심치 않았다. 성 마르코의 부활을 상징하는 날개 달린 사자가 새겨진 국기가 만들어지고, Basilica San Marco 유골을 모시기 위한 산마르코 대성당이 829-832년에 축조된다. 이제 베네치아는 종교적으로도 열두 사도 중 한 명의 성인을 모신 엄연한 국가로 탄생한다.

성당의 정면
구체적인 풍부한 형태이나 다중심의 외관으로 어디에
속하는지 알 수 없게 하고 거대한 소리를 내지
않으면서도 우아하게 대중에게 다가간다.

서방의
콘스탄티노플

베네치아 상인들은 이슬람인들에게 노르만족과 슬라브족의 백인 노예와 목재를
팔아 번 금화로 당시 세계 최고의 도시였던 동로마 제국의 콘스탄티노플까지
상권을 넓혀나간다. 동지중해에서 통상의 자유를 인정받기 위해 서쪽 방위를
필요로 했던 베네치아는 992년 동로마 제국과 '베네치아는 비잔틴 제국에
속한다'는 조약을 맺는다.

그후 노예들이 끄는 거대한 수송선은 미지의 파도를 넘나들었고, 빛나는
도시 콘스탄티노플에 다녀온 선박들은 최고의 수입품들을 항구에 쏟아냈다.
성당의 제단은 비잔틴 풍의 황금 프레임과 보석으로 둘러싸이고, 건축물은
가능한 한 모든 면을 금으로 장식했다. 9세기에 지어졌던 성당은 1042년
콘스탄티노플의 유스티니아누스가 지은 성 사도교회를 토대로 다섯 개의
돔을 가진 그리스 십자형 평면으로 전면 개조되어, 1071년 당시 세상에서 가장
화려하고 아름다운 교회로 완공된다.

베네치아는 그리스 정교는 아니었지만 정치적으로 오리엔트의 영역에
속했다. 철저한 정교분리의 원칙으로 교황청의 간섭하에서도 그들의 이성을
독립적으로 행사하였다. 당시 십자군 원정이 만연해 있던 서방 세계에서
신앙심에 호소하는 출병은 광신적인 신앙과 거리가 멀었던 베네치아인들에게는
무익한 일에 불과했다. 그러나 정치와 군사적으로 점점 강해져가는 베네치아에
위기를 느낀 비잔틴 제국의 황제는 기존 통상권에 관한 조약을 위반하고,
콘스탄티노플에 정주하고 있던 베네치아인의 상권을 빼앗고, 방화와 살인을
자행한다. 한때 베네치아 성인 남자의 3분의 1이 거주했던 콘스탄티노플이
몰락하자 10,000명의 베네치아 시민들은 산마르코 대성당에 모여 미사를
올린다. 1204년 국력을 총동원하여 베네치아의 사활이 걸린 제해권의 획득과
수호를 위해 4차 십자군의 출병을 결단한다. 모든 전쟁 비용은 베네치아가
지불하고, 80세가 넘은 베네치아의 원수 엔리코 단돌로가 사령관이 되어 9세기
동안 난공불락으로 존속했던 콘스탄티노플 성벽 위에 성 마르코의 진홍색
베네치아 깃발을 꽂으며 승리한다.

네 마리의 청동마상
로마의 개선문, 콘스탄티노플의 경기장, 나폴레옹의
개선문을 거쳐 베네치아에 자리 잡은 유럽 최고의
전리품이다. 현재 성당 정면의 것은 모조품이며 진품은
성당 안에 전시되어 있다.

전쟁의 승리로 인한 이득은 이들의 예상을 초월했다. 산마르코 대성당에 황금의 제단 팔라도르와 청동마상 등 수많은 유물이 도착했고, 베네치아에서 콘스탄티노플, 시리아, 팔레스티아, 이집트를 잇는 해상 고속도로가 완성된다. 흑해 연안에는 서유럽 상인들이 진출하고, 대운하가 아래로 흐르는 베네치아 리알토 다리 주변에는 은행들이 즐비하게 들어선다. 베네치아의 도제였던 엔리코 단돌로는 정복지의 황제로 추대되었지만 공화국 제도의 기반이 흔들리는 것을 우려하여 자신은 베네치아의 일개 시민이며, 고령이라는 이유로 이를 거절하고, 이듬해 콘스탄티노플에서 죽음을 맞는다.

시민을 닮은
베네치아의 공간

무역과 전쟁을 통해 맺은 비잔틴과의 관계는 베네치아의 문화를 결정짓는 중요한 특징이 된다. 산마르코 대성당에 있는 네 마리의 청동마상은 처음 로마 네로 황제의 개선문 위에서, 그리고 콘스탄티노플의 경기장 문을 지키다가 베네치아를 거쳐 1805년에는 나폴레옹의 개선문을 장식한다. 세계의 지배자들의 위용과 함께한 말들은 나폴레옹이 워털루에서 패하자 다시 베네치아로 돌아와 지금은 산마르코 대성당에서 유럽 최고의 전리품으로써의 영광스런 나날을 추억하고 있다.

　　비잔틴의 눈부신 색채감각은 베네치아에서 더욱 투명하고 쾌활하게 변모된다. 푸른 하늘과 담녹색 수면으로 떨어지며 부서지는 햇살을 닮은 베네치아의 빛은 '그늘진 부분조차도 빛의 근원으로 만든다'는 찬사를 듣는 산마르코의 빛으로 탄생된다. 성당 내부는 돔 내곡면과 천장과 벽에 장식된 황금빛 유리타일의 모자이크와 그림들로 찬란한 천국의 광채를 만들어낸다. 광채는 어느 한 구석에 머무르지 않고 바닥 전체에 깔린 금과 유리를 박아 넣은 대리석으로 인해 전체가 무화된 듯한 빛의 덩어리를 낳는다. 또한 다섯 개의 돔이 만들어낸 둥근 무각의 공간들이 난반사하는 빛으로 현란하게 섞여 공간성을 상실한다. 빛과 색채만으로 혼연하여 모호하고도 풍요롭게 빛나는 점들이 빚어내는 빛의 공간 속에서 정적은 구석으로 유폐된다. 인간과 천사를 가로지르는 황금빛 광선이 성 마르코의 어깨에 내려앉는다.

　　비잔틴 미술은 베네치아에서 더욱 화려해진다. 콘스탄티노플 카리에카미에 있는 성당의 모자이크는 산마르코 대성당 모자이크의 직접적인 모태가 되어 성당의 곳곳에는 기독교 연대기의 주인공들이 사실적으로 그려져 진다. 성당 벽에 그려진 키가 크고 마른 올리브색 피부의 온화한 표정을 짓고 있는 성인들의 성화는 보는 사람들로 하여금 마치 비잔틴 교회에 와 있는 듯한 착각을 들게 한다. 이러한 성인들의 도상들은 추상적이고, 관념적인 세계의 신비한 은유적 방법이 아닌 형상과 서사적 스토리로 구체화된 직접적 세계의 표현이다. 구체적이고 사실적인 범주는 신적 세계의 커다란 범주를 좁힌다.

　　예술가는 무한함을 제한하는 구체성의 때를 벗기고, 그것을 다시 구체적이면서도 동시에 신비한 세계로 만들어내기에 천국과 성인은 친숙하면서도 세계와 동떨어진 곳에 놓여야 했다. 성 마르코의 생애는 티치아노가 밑그림을 그린 빛 속에서 반투명하게 비치는 색채로 말을 하고 있다. 붉은 황금색으로 상감된 옷을 입은 푸른색 수염과 미묘한 분홍빛의 피부를 가진 성 마태오도 그러하다. 성자들 개개인은 모자이크 단편들로 이루어진 색들이 서로 조합하면서 섞인 후 다시 빛이 각각의 파편에 떨어지는 각도에 따라 전체적으로 풍부한 형상을 이루어 재현된 빛을 만들어낸다.

　　빛이 비춰지는 조도나 각도에 따라 산마르코 대성당의 성자들은 없는 듯이 존재하여 땅에 있는 것 같고, 천상에 있는 것 같다. 마치 황금빛 동양화를 보는 듯 형상과 비형상이 함께 존재하는 성인을 만들어 우리가 어디에 속하는지 알 수 없게 한다. 이 모든 회화와 성유물들은 목소리를 내지 않음에도 경이로운 작용을 통해 대중에게 밀착되고, 짙은 호소력으로 우아한 설교를 하고 있다.

고귀한
모든 것

베네치아 미술은 특별한 구심점을 가지지 않고 각각의 작품이 각기 독립적인 성격을 띠며, 전체의 광휘 속에 자유롭게 하나가 된다. 산마르코 대성당 내외부의 다섯 개 돔은 중심이 없는 듯 산재하며, 개별적이면서도 모호하여 전체의 하나 같다. 베네치아 시민들은 지배받길 원하지 않는 개별적 인격체이면서도, 전체의 일부가 되어 유럽 최고의 문화적 성취를 이룩하였다.

이는 산마르코 광장의 직사각형인 듯한 비정형적인 형태와도 닮았다. 구체적이고 정연하나 사실은 획일적이지 않고 모호한 구조의 광장은 비정형적으로 비스듬히 지어져 중심이 하나가 아닌 다중의 축을 이룬다. 이러한 다중의 시각적 효과는 서 있는 위치에 따라 성당의 중심부가 사람들 각자에게 가장 편안한 시야로 어디에서든 정면 중심이 강조되게 한다. 수직선들 사이에서 조율된 광장도 유달리 높은 벽돌의 종탑과 함께 훨씬 안정된 광장으로 연계되어 중심을 퍼져 있게 한다. 국가의 주요 행사를 치렀던 이곳에 모인 많은 사람들은 모두 자신이 성당의 중심에 있다는 생각을 가졌을 것이며, 이는 평등한 공화국의 취지에 부합하는 셈이다.

그 광장은 지상의 광활한 문인 날개를 단 사자와 성 테오도르가 두 개의 St. Theodore 석주 사이로 보이는 바다를 품에 안을 듯 서 있다. 밤이 되면 바다는 이들의 밤을 함께한 잦은 안개와 섞여 모호하고 불명확한 심원의 빛으로 변모한다. 광장을 둘러싼 확고하고도 정연한 회랑의 아치들을 덮고, 그 속에서 나온 불빛을 희미하게 질서 지으며 부드럽고도 섬세한 수분으로 감싸인 숨을 내쉰다. 잿빛 대기의 어둠 속에서 수면으로 사라지는 허공과도 같은 바다는 베네치아의 또 다른 색채이다. 공화국이 망하기 직전 이곳을 방문한 괴테는 "모든 것은 고귀함에 가득 차 있다. 이 훌륭한 기념비는 어떤 한 사람의 군주를 위한 것이 아닌 전 민족의 기념비다"고 말한다.

도시의 모든 골목과 연결되고 바다로 연결되어 있는 광장은 동시대의 유럽인들에게 18세기 베네치아는 자유롭고 쾌락이 넘치는 도시라는 인상을 남긴다. 사순절 무렵이면 베네치아 시민들은 흰색 가면 검은색 베일 망토를

산마르코 광장
성당의 중심과 다중의 축으로 연결된 정연하나
모호한 비정형의 형태로 어느 곳에서나 성당의
중심에 있는 듯 느껴지게 한다.

산마르코 광장과 아드리아해
두 개의 석주는 바다를 품에 안을 듯 서 있고,
부드럽고 섬세한 수분은 베네치아의 또 다른 색채로
광장에 가득 차 있다.

221

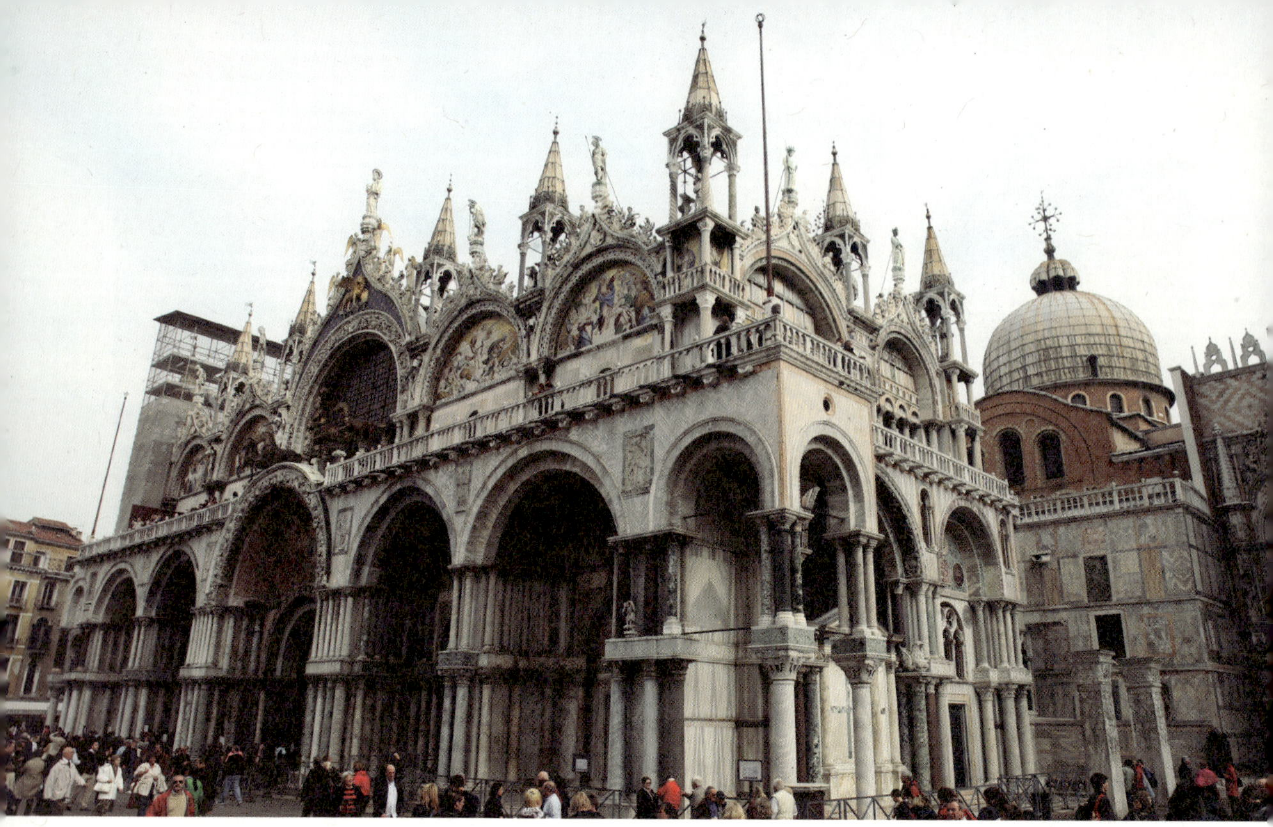

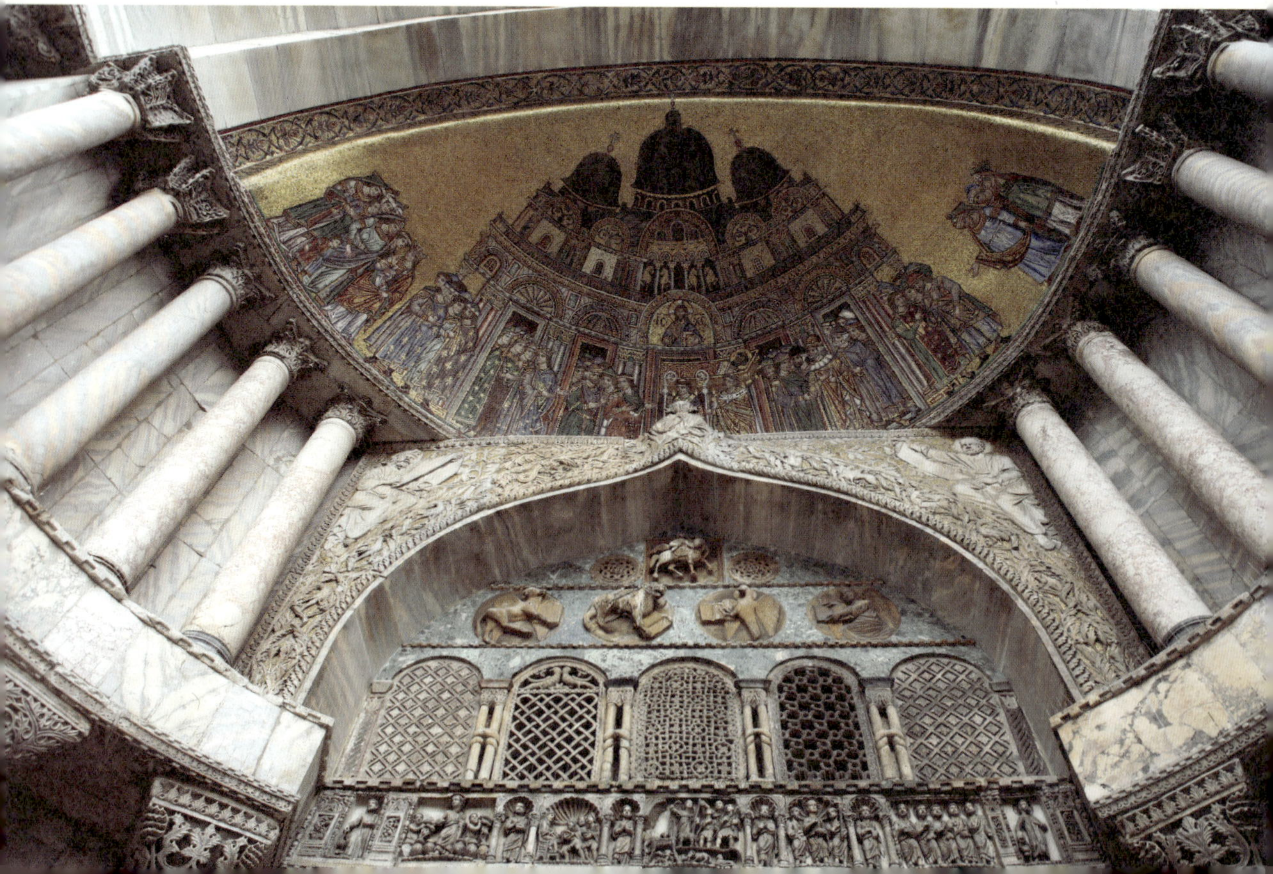

걸치고 가면 축제를 즐겼다. 바다를 수놓은 화려한 불꽃놀이와 지칠 줄
모르는 곡예사의 묘기, 꽃과 꽃가루가 날리고 인파들로 골목길은 늦은 밤까지
메워졌다. '봉사하는 기사'란 뜻으로 '카발리에 세르벤테'라 불린 젊은이들은
국사와 상업의 의무로 바쁜 베네치아 남편들의 공인 아래 그들의 빈자리를
대신하여 귀족 부인들과 데이트를 즐긴다.

　　　음울한 광신으로 편견에 예속돼 있던 중세의 이단 재판이나 마녀
재판은 베네치아에선 일어나지 않았다. 갈릴레이는 파도바대학의 교수로
있으며 자유의 공기를 마셨으며 에라스무스와 마틴 루터, 마키아벨리의 책도
이곳에서는 금서가 아니었다. '자유'란 이들의 보편 언어였다. 소란과 노래
소리, 자유분방한 각자의 삶이 신을 찬양하고, 모독하며 한데 어우러져 모두가
나름대로의 삶을 이룩한다. 침적토로 해안이 묻히고 있지만 영원과 불변성에
대한 향수가 생기지 않을 정도로 이 도시에 흐르는 편견 없는 자유의 우아한
잔향은 산마르코 대성당의 광휘만큼이나 오늘도 여전히 화려하다.

△

성당 입구의 문과 천장
비잔틴 양식의 외관과 눈부신 색채의 모자이크는
베네치아에서 더욱 투명하고 쾌활하게 변모되어
산마르코의 빛과 형태로 탄생한다.

노트르담 대성당

성당의 정면

건축 전체의 질서와 대비는 통일성과 비어 있는
명료함으로 완성되고 단순하여 엷은 조각으로
균형을 이룬다.

성당 내부

높은 창은 공간 속에서 상승의 무한함으로 이끄는
정신적 완결로 나아가게 하고, 인간의 빛으로
응축된 내부는 신성함으로 신의 근저가 된다.

성당의 측면
거의 대부분의 벽을 창으로 만들기 위해 외부에
버팀벽을 세운 구조로 새로운 천년의 건축을
탄생시켰다.

파리를 내려다보는 루시퍼
신의 세계는 악마와 그의 세계마저도 아름답게
만든다. 이것은 신이 준 자유이자 은총이며 능히
감내할 수 있는 또 다른 기쁨이다.

12세기 프랑스에서는 신을 향한 정열적인 영혼을 소유한 자들에 의해 한 편의 이야기가 만들어진다. 그들이 지속적으로 열망해왔던 영광과 희열로 가득한 하늘의 빛은 예술 감독이자 파리 외곽에 있는 생 드니 수도원 원장인 쉬제르의 Suger 이마를 비추기 시작한다. 루이 6세의 스승으로 왕의 십자군 원정 때는 Louis VI 섭정까지 했던 그는 태양 없이도 빛을 내며 명료하게 맑은 빛을 투과 시키는 스테인드글라스의 놀라운 속성을 파악한다.

쉬제르는 하늘의 빛을 세상에 드러내기 위해 사라센의 첨두형 아치, Saracen 리브 보올트, 반아치 형태의 부축벽 등 고딕 이전의 양식에서 이미 사용되었던 Ribbed vault 양식을 상호 결합시켜 새로운 건축을 탄생시킨다. 그는 보다 가는 돌기둥과 벽으로 하중을 지탱하는 공법이 발견되자 창문을 확대하고, 그 속에 유리를 이용하여 성스럽고도 아름다운 신의 빛을 건물 내부로 들여와 지상에 천상의 아름다움을 구현하려 했다. 수많은 부조의 조각을 세우는 혁신도 단행한다. 성당 건물은 찬란한 성물과 함께 영혼을 고양시키는 보석의 공간이 된다.

새로운 천년의
건축

중세의 한 시기를 지배한 고딕 건축은 파리 근교에서 시작되었다. 1144년 헌당식에 참석했던 주교들은 50년도 채 안 되어 그들의 성당을 전부 고딕 양식으로 바꾸는 엄청난 반향을 일으켰고, 이는 전 유럽에 파급된다. 이탈리아에 의해 고전 문화의 변방이자 '야만'으로 불리던 고트족의 고딕 양식은 이탈리아에까지 선풍적인 인기를 끌었고, 고딕은 하나의 문화로 신성한 이름이 된다.

로마네스크 양식에도 스테인드글라스는 있었지만 보다 높고 넓은 면적으로 화려하며 숭고한 빛으로 가득한 노트르담 대성당은 도시에서 더욱 Cathedrale Notre-Dame 환영을 받는다. 정치적으로도 뛰어났던 주교들은 이 시기 상업의 발달로 인해 부를 축적한 도시인들을 건축 자금원으로 연계시켜 새로운 천년의 새 성전을 요구하던 도시 사회의 욕구에 부응한다. 로마네스크 양식의 봉건적 수도원은

더 이상 도시인의 신앙심을 고취시킬 수 있는 장소가 아니었다. 첨단의 경이로운 양식을 지닌 성당 건축은 '우둔한 자에게 진리를'이란 영광스런 기치 아래 높이 솟아올랐다. 이는 인간의 삶을 신을 향한 삶으로 이해했던 중세인들의 신앙적 환상을 채워주며, 수많은 순례객들의 발길을 이끌었다. 위대한 구원의 질서를 지배하는 자는 교회였다.

고딕의 걸작이자 외부에 완벽한 부벽을 최초로 사용하여 고딕의 꽃으로 남은 파리의 노트르담 대성당은 1163년 교황 알렉산드르 3세가 머릿돌을 놓고, Alexander III Maurice 모리스 주교에 의해 창건되었다. 대성당은 1345년에 완성된 이후 프랑스 역사의 현장에서 늘 함께했다. 이곳에서 신의 이름으로 대관식을 거행한 왕은 신성하고 초현실적인 존재라는 사실을 부여받았고, 이곳에서 잔다르크는 신의 가호 아래 출정식을 치루었다.

성당 내부와 스테인드글라스 창
색채를 가진 빛을 내는 물체는 신의 영광스런
육체로 흘러들어가며 유래되어 나오는 숭고하고
신성한 형식이 된다.

장미의 창
장미꽃의 형상을 통한 광채가 되어 신 안의 미를
표출한다.

명료함과 완전함의
현시

대성당의 외부는 수많은 조각들로 채워졌다. 건물의 전면과 두 개의 탑, 기둥들의 거대하고 깊은 벽 속에는 창조와 구원, 천사와 악마 그리고 수많은 수호 정령들, 그리스도와 성인의 서사적 이야기를 새겼다. 이러한 형식은 당시 부유하고, 자유로운 도시민들의 호응을 끌어내며 그들의 영혼을 위로해주었다. 아름답고 신성한 공간의 교회는 시민들의 자부심이 되었고 소통과 교류를 쌓는 속세의 장이 되기도 하였다.

노트르담 대성당 외벽에 새겨진 투조 형식의 조각들은 하나하나가 벽 속에 내재되어 있는 듯 경직된 자세로 있으면서도 벽과 분리되어 떠 있다. 장미의 창을 비롯한 외부에서 보이는 중앙 열주의 성인 조각들은 여러 장식들과 함께 튀어나와 있으면서도 표면으로 들어가 있는 공간적 조각이다. 이로 인해 조각들 하나하나가 살아 있는 듯 강조되고, 건물과 유리된 듯 개별적으로 보인다. 생명력을 느끼게 하는 이러한 기법은 벽면에 있는 조각을 더욱 생생하게 두드러지게 하고, 조각과 벽이 분리됨으로 인해 생기는 공간의 장중하고 무거운 벽들을 가볍게 상승시킨다.

중앙의 문 역시 나뭇가지만 있는 단순하며 엷은 조각으로 대칭적 균형을 이룬다. 투조된 듯 비어 있는 양쪽의 종탑과 함께 건물 전체의 질서와 균형을 이루어 통일성과 명료함을 완성한다. 거대하고 장중하나 동시에 공간적 조각과 건축으로 전면을 가볍게 보이게 한 기법은 두꺼운 벽과 기둥의 무게감을 벗어 던져 벽이 거의 사라진 내부와 함께 통일감을 지향한다. 당시 신적 세계로 발현되는 예술적 총체인 교회는 존재의 근원인 저 높은 곳으로 향하는 명료함과 완전함의 현시에 충실해야 했다. 내부는 밤처럼 어두우면서도 태양처럼 환한 깊은 통일성을 이룬다.

인간은 이곳에서 하느님과 우주의 세계에 참여할 수 있었다. 조각으로 전개되던 성서적 스토리는 조각이 아닌 빛으로 변모되고 채색되어 있다. 중세 회화에서 색채의 선명함을 빛의 선명함으로 결부시켰던 것처럼 성자의 형상들을 통해 빛을 발하는 스테인드글라스의 아름다움이야말로 최상의 미를 대변할 수 있었다. 형상적 미는 빛을 통해 결국 신 안에 있는 비형상적 미를 반영한다. 수직의 높은 기둥조차 창문 사이의 벽과 함께 빛과 어두움의 사이에서 동질적인 규칙을 가지며, 심원한 공간으로 구획되어 실루엣처럼 그윽하게 반복된다.

　　이중으로 이루어진 양쪽 복도에서 들어오는 빛은 단색의 돌로 이루어진 벽과 천장 그리고 단순한 바둑판 무늬의 바닥 돌길에 펼쳐진다. 화려하나 맑은 광휘로 정제되어 더욱 단순한 빛의 공간으로 정화된다. 간단한 십자형의 평면이나 전체적 통일성으로 합체된 세 개의 긴 회랑이 구획되지 않은 내부로 보인다. 명료한 통일성으로 일관하는 비례감은 오히려 초월적 성질을 느끼게 한다.

질서 속에 존재하는
초월의 빛

실로 초월적 욕망을 가득 품었던 이 시기의 철학 또한 영원한 완전성과 충족을 위한 영광의 지향점을 향해 몰두했다. 우리의 인식과 감각을 통한 세계에 대한 이해는 물질 속에 담긴 신의 속성이자 본질을 발견함으로 알 수 있었다. 자존적 존재인 신은 세계 현상의 원인이자 근원이며, 모든 존재의 제일 근거였다. 즉 이 세계는 신의 모상(模像)이었다. '창조란 보편적인 원인에서 전 존재가 흘러나오는 것'이라는 원리하에 세계는 신속에서 유출된 것이며, 반대로 인간은 신이 만든 모든 창조물을 통해 신을 본다.

　　스콜라 철학을 완성했으며 중세 아름다움의 철학적 기준을 명시한 파리 대학의 토마스 아퀴나스(Thomas Aquinas)는 창조물과 창조주 사이의 적절한 관계로서 미(美)를 파악하였는 바, 신의 본래적 모습을 투사할 수 있는 미의 근거로 신의 창조 행위는 형상과 질서에 제공되는 질료를 통해 현실화된다고 생각하였다. 그러기에 형상과 질료는 적합한 비례를 가져 항상 조화를 이루어야 했다. 사물들 사이에 이성적 일치로 적절한 관계성을 추구하는 통합성과 불완전한 것들은 그것 자체로 추한 것이라며 완전성의 미를 설명하였다. 동시에 '명료하게 빛나는

색깔을 가진 것이 아름답다'고 생각했다. 이러한 미의 개념들은 근본적으로 지성과 직결되는 사실에 근거한 것으로 "정신적 아름다움은 인간와 태도나 행위가 이성의 정신적 명료성에 따라 훌륭한 비례를 이루는 데서 비롯되며, 인간사에서 아름다운 것은 어떤 일이 이성에 의해 질서 지어졌는가에 따라서 추정된다"고 말한다. 이러한 미는 근본적으로 신앙과 직결된 신을 인지하는 감각적 지성의 미였다.

토마스 아퀴나스 이전, 힐라리우스^{Hilarius}는 미를 삼위일체론적 비유를 들어 '영원성을 성부에, 형상을 성자에, 사용을 성령의 고유한 것'으로 지속시켰다. 형상을 근거로 한 미는 성자에 계속되는 것으로 성자의 고유성과 유사성을 갖게 된다. 결국 형상을 통해 빛을 발하는 아름다움이야말로 최상의 미이며, 형상적 미는 결국 신 안에 있는 미의 반영이었다.

토마스 아퀴나스는 이를 발전시켜 신을 반영한 형상의 미를 제시하며 "육체의 아름다움은 신체의 각 부분의 통합성과 적정한 색깔과 광채와 함께 알맞은 비례로 이어진다"고 말한다. 광채는 영혼으로부터 영광스런 육체로 흘러들어가며 빛을 내는 어떤 물체의 실체 형상으로부터 유래된 활동적인 질이 된다. 신의 영광스런 육체를 가진, 형상의 광채가 되는 것이다. 정제된 질서 속의 빛의 정화와 통일성은 당시 스콜라 철학에 부합하는 숭고해지고자 하는 방식으로 조화롭고, 신성한 명료한 미를 이상으로 삼은 고딕 성당의 현시적 미와 더없이 일치한다.

버팀벽 구조의 발달로 벽에 가해지는 무게가 줄어들면서 나타난 효과 또한 극적이었다. 개구부^{開口部}의 면적이 증가하면서 기둥은 더 가늘고 높아질 수 있었고, 벽은 더 얇고 장식적으로 만드는 일이 가능하게 되었다. 창을 가능한 한 넓힘으로써 벽은 해체되고 마치 유리 건물과 같은 투명한 건물이 되며, 성당 내부는 거대한 빛과 같은 성스러운 보석이 되었다. 그러나 노트르담의 단순 명료한 내부 구조만큼이나 이곳의 스테인드글라스도 지나친 화려함과는

정면의 입구
벽 속에 내재되어 있는 듯 튀어나온 공간적
조각으로 건축과 유리되어 살아 있는 것처럼
생생하게 하나님의 세계에 참여한다.

거리가 멀다. 청색을 주조색으로 약간의 보조색인 홍색을 가미해 화려하지만 동시에 단순한 깊이를 가짐으로 새로운 빛을 탄생시킨다. 빛은 광채 때문에 그 자체만으로 아름답고, 다른 요소를 받아들이지 못하는 반면 모든 존재들은 빛을 받아들인다. 모든 것을 함유하며 스스로를 드러내지 않기에 신적 특성을 가진 것으로 신과 동일시되었다.

완전한 조화 속에 가득한 높은 직선의 창은 공간 속에서 수직적 상승의 무한함을 이끄는 보다 정신적인 완결로 나아가기 위한 장치다. 창 사이의 벽은 마치 우주의 어두움같이 깊이 사라지고 은폐된다. 빛의 은총으로 살아난 수많은 창들은 넘쳐흐르는 빛의 새로운 공간으로 확장하고 퍼진다. 더 이상 둔중한 매스의 건물이 아닌 빛으로 응축된 투명한 구조체는 부유하는 듯한 운동감으로 살아 움직이고, 내부는 신성함으로 신의 근저가 된다.

종교 공간은 완성된 신의 세계로 화하고, 신과 자아는 하나로 혼융되며 통일된다. 여기서 신은 대리석 벽체이며, 빛의 창이자 완결되어 상승된 공간이다. 신의 현시된 존재가 통일되고 열린 장 안에 거하여 이 공간으로 화한 예술 작품 속에서 신과 삶이 하나가 되는 진리가 일어난다. 현세에도 내세에도 항상 하느님과 접촉하는 그들에게 예술이 예술을 넘어 삶으로 확장되는 이곳은 미적으로 관조해야 할 아름다운 대상을 넘어선다. 이는 제한된 존재를 신의 세계로 지향시키는 초월적 방식이다.

성당의 제단
화려하나 맑은 광휘로 정제되어 더욱 단순한 빛의
공간으로 완성된 신의 세계로 화합하고 통일된다.

확신에 찬 사람들의
완전한 공간

다시 세상으로 나와 종탑 위로 올라간다. 그곳에서 우리를 기다리는 아름다운
모습의 루시퍼가 있다. 아름다움은 악마의 형상과도 함께한다. 악마는 유일성의
종교와 함께 창조되었다. 악은 완전한 신으로부터 유출된 창조물에는 없었으나
천사가 타락함으로 탄생한다. 절대선인 신의 존재를 받아들이는 것처럼 악마의
존재 역시 우리들 인간 존재의 불완전성과 함께 존재한다. 욕망과 유한함이
종교 예술의 기저를 형성한 셈이다. 지옥의 주인이며 스스로를 성스럽게 여기는
세상의 임금인 악마는 노트르담의 종탑 위에서 파리 시가지를 내려다본다.
'고통과 광기로 죽어가거나, 유혹 앞에서 무너져 내리거나, 욕망으로 말미암아
심연 속으로 떨어져 버릴지도 모르는 위험을 무릅쓰고서 나와 대결할 준비가
되어 있느냐? 그런 용기가 없다면 그냥 평범하게 일상적인 장난이나 하면서
살아가거라. 아니라면 너희는 선택의 자유를 지닌 유일한 존재니라'라고 말하며
자신의 승리를 음미하고 있다.

불투명한 삶을 무겁게 내리누르는 권태 속에서 인간은 명료한 신의
세계로 선회한다. 신이 완전하다면 왜 악마를 죽이지 않았을까? 이 세상에
악마가 없고 천사만 있다면 정말 아름답고 완전할까? 성당에 조각된 악마상의
아름다움은 악마가 존재하는 것 자체도 아름다운 세계라는 것을 말하는
듯하다. 신의 세계는 인간이 배척해야 할 악마와 그의 세계마저도 아름답게
만든다. 이것은 모든 통일된 것의 아름다움을 갖춘 신이 준 자유이자 은총이며,
능히 감내할 수 있는 또 다른 기쁨이다. 확신에 찬 사람들의 완전한 공간인
천상의 아름다움이 실로 이곳에 있으니 신은 여전히 완전하다.

△

성당의 정면
투조된 형식의 영광스런 외관은 질서와 균형을
넘은 완전함에 이르고, 높은 곳을 향하는 벽 속엔
그리스도의 이야기가 깊이 새겨져 있다.

자금성

자금성 외벽

북극성만큼이나 화려하고 섬세하고 장대하나
풍요로움은 조금도 드러내지 않은 채 아무나
들어올 수 없는 금지된 성역임을 공표한다.

태화전의 전경
사방으로 찬란히 닫힌 공간 속에 광대한 하늘은
열린 공간으로 펼쳐지며 인체가 느낄 수 있는
최대의 크기를 넘어선다.

천안문 성루

사회주의 단결을 외치는 부동의 붉은 벽 뒤로 중국 역사의 찬란한 시대가 무한하게 펼쳐진다.

자금성의 후경

중앙의 직선 축을 중심으로 사각형의 중심과 작은 중심이 반복되어 연결되는 기하학 구조이다.

북경이라는 도시가 가진 영원한 시간성과 사회주의적 엄숙함은 천자의 궁전인 자금성의 높은 성벽에 걸린 모택동의 사진만큼이나 이질적으로 다가온다. 옛날 황제처럼 천안문 성루에서 '서양 세력을 봉쇄하라'고 외쳤던 그의 목소리에 지금은 아무도 귀 기울이지 않는 듯 무심하고도 분주하게 수많은 사람들이 천안문 광장을 오간다. 사회주의의 단결을 외치는 거대한 부동의 붉은 벽 뒤로 천고에 이름을 떨쳤던 명·청시대 천자 스물네 명이 존재했다는 사실이 와닿지 않는다. 역사의 시간은 전혀 다른 색으로 새로운 시대를 칠해놓고 있다.

하늘의 중심의
중심

중국 역사상 손꼽히는 찬란한 시대를 이룬 명의 영락제 시대에 탄생된 자금성(紫禁城)은 중앙이라는 중심 개념이 확장되어 사각의 중심과 중심으로 연결되는 통일과 반복의 기하학적 구조를 가지고 있다. 중국 풍수에서도 중심은 기가 생성되는 곳으로 생각했다. 하늘의 중심에 위치한 북극성인 자금성의 자색은 동양과 서양 모두가 귀하게 여긴 귀족의 색이었다. 서양에서의 자색은 모든 색이 섞여서 내는 화려한 색이었고, 동양의 자색은 흑색, 홍색 그 어떤 색도 아닌 색이었기에 천상 궁전의 색으로 여겼다. 이곳이 북극성만큼이나 화려한 천중(天中)의 공간임을 상징적으로 나타내고, 아무나 들어올 수 없는 금지된 성역임을 이름으로 공표하고 있다.

　　법을 발표하고 군사들의 열병식을 받았던 '세계 최대의 문'이라는 오문 뒤로 하얀 기단 위에 장중하게 떠 있는 듯 태화문(太和門)이 등장한다. 넓은 광장에는 한백옥석으로 만든 구름같이 풍요롭고 유려한 곡선의 금수하(金水河)가 직선의 딱딱한 구조 속에 너그러우면서도 덕스럽게 동서로 흐른다. 위압적이고 경직된 듯한 입구에 부드러움을 더하는 그 위로 유교의 다섯 가지 덕목인 인·의·예·지·신(仁義禮知信)을 상징하는 다섯 개의 내금수교(內金水橋)가 무지개처럼 걸려 있다. 유교적 상징으로 시작되는 하늘의 공간으로 무게감 없이 날아가는 이곳이 바로 하늘의 집으로 통하는 입구이다.

태화문이 열리면 10만 명 정도가 한꺼번에 들어설 수 있는 넓은 뜰이 펼쳐진다. 저편으로 자금성 중축선의 중앙에 위치한 황제의 용상이 있는 곳 태화전이 보인다. 높은 문 위에서 내려보듯 먼 곳을 올려다보게 한 구조 속에 사방으로 찬란히 닫힌 공간 속 광대한 하늘의 열린 공간이 펼쳐진다. 일순간 크기는 인체가 체득할 수 있는 최대치의 크기가 되며 감각적 범위를 벗어난다. 저 멀리 태화전 안의 옥좌를 중심으로 지상과 하늘의 중심의 중심에 위치한 곳 그 앞의 넓은 빈 공간은 사방이 건축으로 둘러싸이고, 그 너머로는 하늘의 주변밖에 보이지 않는다. 태화전 지붕 뒤로 끝없이 비어 있는 천계가 지상으로 내려온 듯한 공간이 펼쳐진다. '인간은 자신의 거대한 표상에 의해서 우주적인 가치를 갖는다'는 말은 시각적으로 느낄 수 있는 최대 크기의 시각장을 만들어낸 태화전 앞에서 진실이 된다.

거대하나 가볍게 하늘로 솟아오르는 태화전과 수평적 체계로 아득하게 펼쳐놓은 양옆의 누각들, 그 앞의 공간이 함께하는 이 크기는 철저히 계획적으로 구획된 인위적 구조임에도 마치 스스로 홀연히 이루어진 듯 만물을 포용하며 하늘을 뒤흔든다. 자연을 후천적인 인위의 문화로 선하게 완성하려는 순자의 화성기위(化性起僞)의 선(善)이 실현되고 있는 장이라 할 수 있다. 동서양의 전통처럼 선은 천성에 속하고, 악은 인위에 속하는 것이기보다는 선한 것이 인위라고 생각한 인간 정신의 위대함이 가슴속에서 바람처럼 치솟는다.

자금성의 주 건물인 태화전, 중화전(中和殿), 보화전(保和殿)의 황색 옥빛으로 빛나는 거대한 지붕은 양 끝에서 중심의 한 점으로 올라간 우진각 지붕과 유약칠로 투명한 듯 화려한 황색의 기와로 장중한 무게를 공중으로 날려버린다. 중앙 계단의 거대한 하나의 흰 대리석판 어도(御道)에는 쏟아지는 구름의 바다 속에 굽이치는 아홉 마리의 흰 빛 용들이 하늘로 승천하고 있다. 천자는 구름과 용을 타고 가장 높은 천상의 옥좌로 올라간다. 기단 위에 있는 거북과 학, 돌로 만든 도량기와 해시계 그리고 줄지어 있는 향로들이 신성한 분위기를 내며 용상을 두르고 있다. 백관이 제왕을 알현하면 태화전을 보좌하는 양옆의 누각 안의 종과 북이 안개처럼 피어오르는 향 연기 사이로 울려 퍼진다. 천제는 빛과 어둠을 혼합해놓은 듯한 신비한 태화전 내부에서 용을 새긴 여섯 개의 금 기둥들과 금병풍을 두른 황금 옥좌에 앉아 세계를 통합시키고 빛나는

태화문
유교적 상징으로 시작되어 광대한 조화의 정치를
추구한 태화전 입구.

황제의 익선관
매미처럼 맑음과 검소함을 바탕으로 정치를
펼치라는 자경의 장치.

세상을 펼치는 명천(明天)의 신이 된다.

예로 지은
9,999칸

유학 중시 풍토는 오직 황제만이 드나들 수 있는 중앙문을 과거 급제자들이
관직을 받으며 퇴장하는 문으로도 열어주었다. 천지자연의 질서를 인간의
예로 만들어낸 중국철학은 현실 정치적 윤리 철학으로 태생부터 정치를 위한
봉사를 목적으로 한다. 아무 목적이나 의지가 없는 객관적이고 자연적 현상을
인간의 지성적 주체로 인식한 천(天)의 원리는 자연의 높은 본성을 본받아 인간의
덕을 고양시키고, 상징적인 창조적 통로를 여는 수단이다. 예는 의를 이루기
위한 방법이고 형식이며 학문을 널리 익혀 도로 나아가고, 예를 지켜 모든 것을
포용할 수 있는 덕을 키우는 것이다. 『예기(禮記)』에 따른 예제 형식은 예술적 가치를
근간으로 삼는 각종 형식의 의전을 낳음으로, 우주는 예라는 예술 창조의
원리로 재현된다. 이러한 심미적 제도의 완비는 억압이나 선동이 아닌 내심의
자각으로 백성들의 인심을 감화시키고 통치 효율을 극대화시킨다.
　　　직접적 상징은 설득력을 소중히 여기며, 그와 더불어 다 알 수 없는
신비함의 여지를 남겨둔다. 중국 문화는 예와 화(華)로 압축할 수 있다. 예는 화를
이루는 수단이며, 화는 생명과 하늘의 모습이다. 자금성은 철저한 하늘의 예적
설계를 상징적으로 도입함으로 그 권위를 충당시킨다. 제왕의 위엄을 나타내는
용과 덕스러운 정치의 상징인 봉황의 그림과 조각이 놓이고 제왕은 황룡포를
입고 문덕과 맑음, 염치와 검소, 신예의 오덕을 상징하는 익선관을 쓴다. 조정과
침전이 앞과 뒤, 종묘와 사직이 좌우로 배치되며 황색 칠보지붕과 이중처마는
황제만의 양식으로 쓰였다. 붉은 문과 기둥, 방의 개수와 기좌의 높고 낮음,
계단의 크기 등은 관직에 따라 엄격한 규정을 두었다.
　　　홀수 중의 최고의 숫자 '9'는 황제의 전용수로 건축에도 사용되었다.
자금성 건설 기획 책임자로 임명된 후작 진규와 공부시랑 오중은 1,000여 동에
가까운 건물에 철저한 예법 체계를 적용하면서도 온갖 기능과 미적 요구를

충족시키며 자금성을 천자가 거하는 도시와 우주의 중심으로 만든다.

건축 재료의 운용에도 황제는 천하를 호령하는 천자의 권력과 자신에 대한 온민족의 경외심을 과시하고자 수나라 양제(煬帝)가 만든 운하를 통해 대리석은 장쑤성 쉬저우에서, 벽돌은 산둥의 룽커우에서 가져온다. 이는 그의 통치권이 대륙 전역에 발휘됨을 상징적으로 나타낸다. 자재 준비에만 10년이 걸린 후 제국에서 가장 뛰어난 장인 10만을 포함한 100만 명에 달하는 부역민이 동원된다. 명조의 뛰어난 건축술은 불과 3년 만에 지상에서 가장 큰 궁전 자금성을 지어내고, 1421년 영락제는 9,999칸의 그의 궁전으로 들어간다.

규범 속의 화(華)로 만든
생명

자금성은 입구 천안문에서 단문, 오문, 태화문을 거쳐 마지막 신무문까지 다섯 개의 문들로 1,700미터를 일렬로 배열한 중심의 축선을 가진다. 이를 기준으로 좌우가 엄격한 대칭인 전형적 형식화가 이루어진다. 철저한 체계와 규범 속에서 동시에 모든 화려한 것이 존재하는 독특한 형식이다. 문들이 다 열리면 중앙의 태화전을 중심으로 비어 있는 긴 공간이 하늘의 축을 이룬다. 이 중앙의 축은 곧바르나 경직되지 않는 무한의 화를 담는 형이상학적 공(空)의 경계선을 만들어낸다.

전조후침(前朝後寢)의 배치 원칙에 따라 궁실 앞쪽에는 공적인 공간을 두고 뒤쪽은 황제와 황족의 휴식과 유락을 위한 사합원들이 자리한다. 서로 다른 두 공간은 높고 붉은 담장을 적시는 묵은 안개 속에서 분리됨과 동시에 연결되며, 밀도 높게 모여 있다. 각각의 위대함 속에 재구성되는 건물군은 은밀하고도 비밀스런 청명함을 지닌 황색 옥돌의 지붕들을 이고, 신비롭게 중첩되며 하늘의 성운을 이룬다. 끝없이 펼쳐지는 기와들은 비단처럼 눈앞에서 아롱거리며 음영의 깊이가 1,000칸을 헤아리는 깊은 통일감을 느끼게 한다. 자금성의 화려함은 모든 곳에서 그치지 않는다. 어화원(御花園)의 바위조차 구름처럼 연기처럼 10,000개의 봉우리를 가지며 그 화려함에 참여한다.

지나친 수사가 아닌 마치 화려한 자연이 그러하듯 조화 속에 넘쳐흐르는 생명력을 가진다. 황색의 기와와 대비되는 적색 벽들과 유려하고도 섬세하게 장식된 청록 처마, 백색의 물결치는 기단들과 빈틈없는 각각의 색과 장식들에 수없이 뿌려진 금빛들은 세상만사가 한가지로 헤아릴 수 없듯, 사각의 체계 속에 모든 것이 들어 있는 풍요로움의 왕성함을 보여준다. 온갖 것을 생육하고 모든 물을 받아주는 땅과 바다처럼 자체의 형식 속에 함몰되지 않는 화려한 운동감은 균형과 견실성을 낳는 요지부동의 세계 속에서 무한한 움직임을 갖는 형식이다. 형과 상이 서로를 궁구하는 듯 전 존재의 참여 속에서 '새가 깃을 펼친 듯, 오색 꿩이 날아가는 듯' 가지에 가득한 꽃과 나비처럼 무수히 수놓는 장식들은 그치지 않는 빗방울처럼 수없이 흩뿌려진다.

여백이 없는 화려한 정조가 오히려 애틋한 색채를 빛으로 바꾸고 온갖 색이 서로 뒤섞인 농담음영(濃淡陰影)은 향취마저 내뿜는다. 이 비동하는 생기의 화려함은 서양의 하늘에서 쏟아지는 듯한 빛으로 이룬 중후한 화려함과는 구별되며 중국미의 특징 중 하나라고 할 수 있는 너무도 화려하여 오히려 가벼운 용비봉무(龍飛鳳舞)의 찬란함을 구현해낸다.

천명(天命)과 만물이 하나가 된 화(華)의 세계

찬란했던 명조는 점차 그들이 은거했던 성내에서 내부로 선회하는 폐쇄적 정책을 편다. 기존 성벽을 연장하여 수백 개의 망루를 갖춘 만리장성을 축수하고, 배외 정책으로 세계 무대에서 은퇴한다. 수만 명에 달하는 환관들의 전횡은 높은 벽 너머에서 이루어지고, 자금성은 은밀한 암투 속에 음울한 나날을 보내며 쇠약해진다. 1644년 왕조 말기의 혼란 속에서 장성 밖 만주족은 명나라의 도성과 궁실의 새로운 주인이 된다. 만주인은 다른 한족을 차등하고 억압하면서도 이전 왕조가 사용하던 궁궐을 버리던 관례까지 무시하고, 철저하게 명의 전통 예제를 따른 건축물인 자금성을 그대로 그들의 것으로 만든다. 그들이 꿈꾸던 하늘궁전에서 왕은 천자가 된다.

250

태화문 광장
직선의 딱딱한 구조 속에 너그럽고 덕스럽게 흐르는
금수하로 거대한 입구에 부드러움을 더한다.

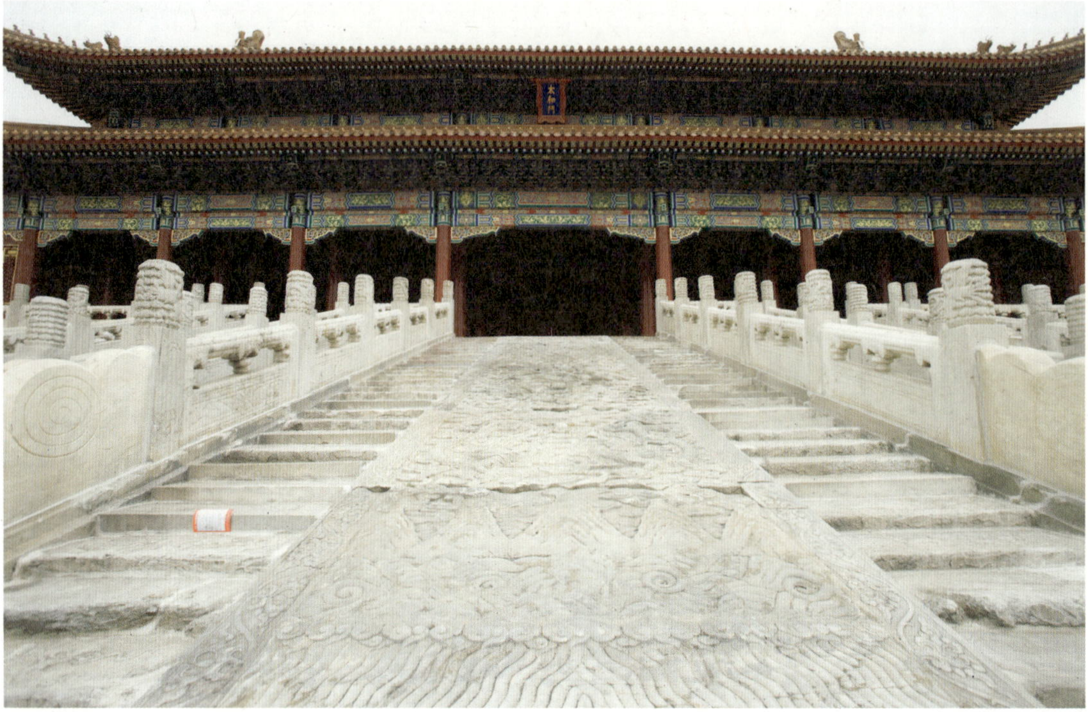

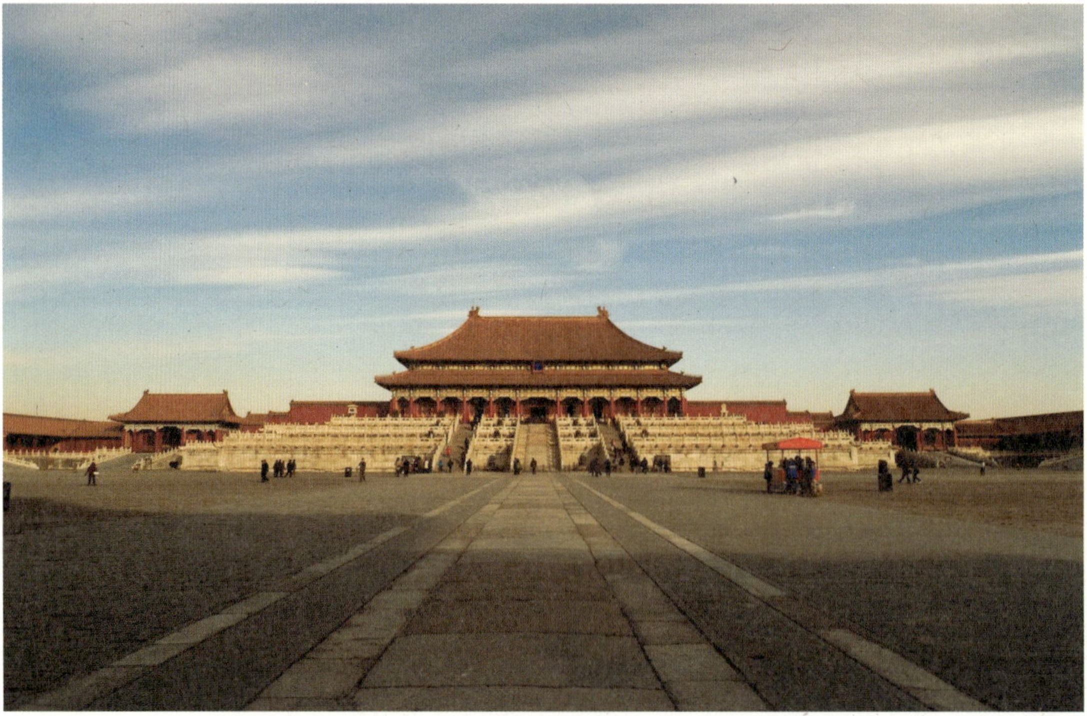

학문과 중원의 문화를 사랑했던 강희제와 옹정제는 도학 정치의
전통을 이어받고, 명의 흔적을 그대로 둔 채 이곳을 가꾸어나간다. 지나치게
청렴한 사람은 오히려 중용시키지 않고, 청렴하지는 않으나 현명한 신하를
중용한 강화제의 실용 정치와 더불어 중국 역사상 가장 학문과 문화가 만개한
태평성대의 전성기를 누리게 한다.

천명과 만물이 하나가 되는 광대무변을 이룸으로 인간의 충만한 생명이
완성된다고 본 유학의 상징 세계가 구현된 자금성은 하늘의 힘과 땅의 힘을
함께 불러 모아 화려하면서도 생생한 우주적인 천계를 이루었다. 정치와 권력과
도덕적 통치 미학의 아름다움이 교착되어 천지현황으로 살아 영동하는 이곳은
태양보다 눈부신 중화의 장이다. 성 모서리, 날개를 펼치고 높게 나는 듯한
높다란 각루에서 호금소리가 실낱같이 흔들리며 피어올라 사라진다. 하늘은
그 어느 때보다도 넓다.

△

태화전 계단
구름 위 용들의 공간으로 천상의 옥좌를 위치시켜
천명을 받드는 공간으로 만든다.

태화전과 광장
투명하게 빛나는 우진각 지붕으로 건축은 하늘로
향하고 천상은 지상으로 내려온 듯 홀연하게
포용하며 세상을 밝힌다.

피안과 현세
_____

지상의 극락

뵤도인

봉황당 정면에서 본 정경
일본 목조 건축의 원형을 보존한 봉황당은
1,000년 전의 고명한 자태를 조용하게 드러낸다.

물에 비친 전경
가벼운 환영처럼 물 위에 비친 고명한 자태는
화려한 듯 고요하며 투명하게 부상하면서도 현실에
그대로 존재하는 현달한 모습으로 동양적 판타지의
극락세계를 펼친다.

보도인 전경
모든 긴장감이 소거된 건축은 느낌과 흔적만으로
있는 듯하며 일본미의 완형으로 확립된다.

교토의 남동부 외각에 접한 우지시는 나라와 교토를 연결하는 우지강의 도하 지점이었던 관계로 요충지로서 발전해왔고, 예로부터 빼어난 경치로 알려져 귀족들의 별장이 많이 지어졌다.

1,000년 전 우지시의 한 연못가에 일본 목조 건축의 원형을 보존한 뵤도인(平等院)이 가벼운 환영처럼 물위에서 그 고명한 자태를 드러낸다. 화려하고 고요하며 투명하게 부상할 듯하면서도 현실에 그대로 존재하는 듯 현란한 모습은 마치 동양적 판타지의 극락세계를 보는 것 같다. 정각을 이룬 아미타부처가 도래한 것 같은 이곳은 '나뭇잎의 혈맥까지도 관심을 가질 만큼' 탐미적인 일본인의 취향과는 사뭇 다른, 보다 큰 울림의 사연이 들리는 듯하다. 모든 긴장감이 소거되고, 건축은 그 느낌과 흔적만으로 있는 듯 비현실적인 아득함으로 밀려온다.

뵤도인은 불전과 불상·회화·범종 등이 모두 국보로 10,000엔 지폐와 10엔 동전에 새겨질 만큼 일본에서 가장 아름다운 건물로 손꼽힌다. 당나라 건축 양식의 영향을 받았으며 '일본미의 완형이 확립된 건축'이라고도 불린다. 하지만 이 건물을 지은 후지와라(藤原) 가문이 백제계 도래 가문으로 알려져서일까. 이 불전은 지금은 남아 있지 않아 볼 수 없는 백제의 건축을 상상하게도 한다.

비방향성으로 부유하는 존재

헤이안 시대 후기인 858년부터 1160년의 시대는 '후지와라의 시대'로 불린다. 후지와라 가문은 일본 전역에 걸쳐 가장 많은 수의 장원을 소유하고 황후들과 후궁들을 배출하여 '천황은 군림하되 통치하지 않는다'는 선례를 만들었고, 후지와라 미치나가(藤原道長)에 이르러 섭정의 영광이 극에 달한다.

그러나 중앙 정부가 쇠약해짐에 따라 후지와라 가문은 경제적으로나 세속적으로 경쟁하였던 불교 사원의 승려들과 민심을 반영했던 무사단에게 무법 상태의 폭력과 약탈에 시달린다. 집안 내부에서도 세력 다툼이 생겨나자 미치나가의 아들 후지와라 요리미치(藤原賴通)는 가문의 영화를 다시 찾고, 사원과 민심으로부터의 안전과 천황의 섭정직인 관백으로서의 공고한 권력을 도모하기 위해 1053년 아버지의 별장을 불교 사원으로 봉헌한다. 이 시대의 불교는 귀족 불교가 세속화되고, 정토종이 흥기하던 대중 불교의 시대였다. 삶이 힘들 때 대중들은 극락세계를 더욱 동경하는 걸까. 이들의 지지와 힘을 바라던 후지와라는 정치적 의도와 함께 불사의 권위로 재 충당한 종교적 선동으로 뵤도인을 지으며 백성들의 존망을 이끌어낸다.

안락으로 불리는 극락은 세속의 왕이 출가하여 아미타불 부처님이 되고, 서방으로 10만 억 불토를 지난 곳에 부족함이 없는 완벽한 세계인 천정한 불국토(佛國土)를 만들어 주재하고 계신 곳이다. 『관무량수경(觀無量壽經)』(한보광 역)에 의하면 "그 대지는 넓고 광대하여 끝이 없는 칠보(七寶)로 장식된 땅에 계절도 없어 항상 온화하고 쾌적한 곳"이다. 일곱 겹의 난간으로 된 500억 개의 보배 누각의 안과 밖으로는 나망과 가로수가 줄지어 있고, 칠보 연못에는 8공덕수가 가득 차 흐른다. 그 연못의 바닥엔 칠보 모래가 깔려 있고, 연못 속에는 수레바퀴만한 청련·백련·황련·홍련에서 나온 빛과 향기가 가득하다. 그 물에 목욕하면 번뇌가 사라지고, 물소리 또한 보살도(菩薩道)를 행하게 한다. 법음의 소리를 귀로 듣고, 그 나무를 눈으로 보고, 코로 향기를 맡으며, 혀로 맛보고 몸으로 느끼고, 마음으로 생각하는 이곳의 인연은 병고가 없어지고 번뇌가 사라지는 곳이다. 보배로 만들어져 자연세계 속에서 인간의 오감으로 느끼는 자연스런 삶을 통해 불도로 나아가게 하는 것이다.

극락세계에 보이는 모든 것들은 법문을 설한다. 나무와 새와 꽃 등 대자연의 법문으로 무상법문을 설하는 극락은 무생법인(無生法忍)을 얻게 하여 뒤로 후퇴하지 않는 불퇴전(不退轉)에 머물러 불도에 이르게 하는 곳이다. 꿈에 본 서방정토를 현실화한 곳이라고 하는 뵤도인은 불경의 모습과 흡사하다. 여러 난간으로 이루어진 누각의 안과 밖으로 연못들이 있고 여기저기 물이 흘러

봉황당의 정면과 측면
'T'자형의 건축 구조는 보다 많은 공간적 거점을 확보하여 어느 곳에서도 일획으로 펼쳐지는 간결한 효과를 만든다. 바닥엔 빛나는 칠보 모래가 깔리고 8공덕수의 담 속에는 연함이 피어오른다.

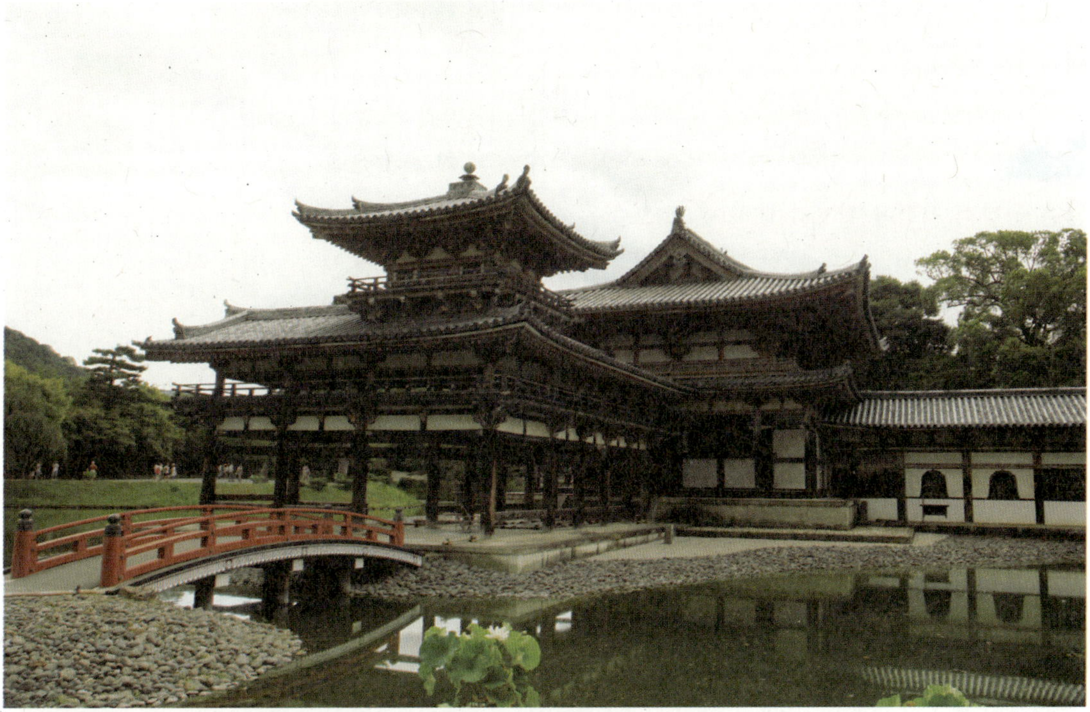

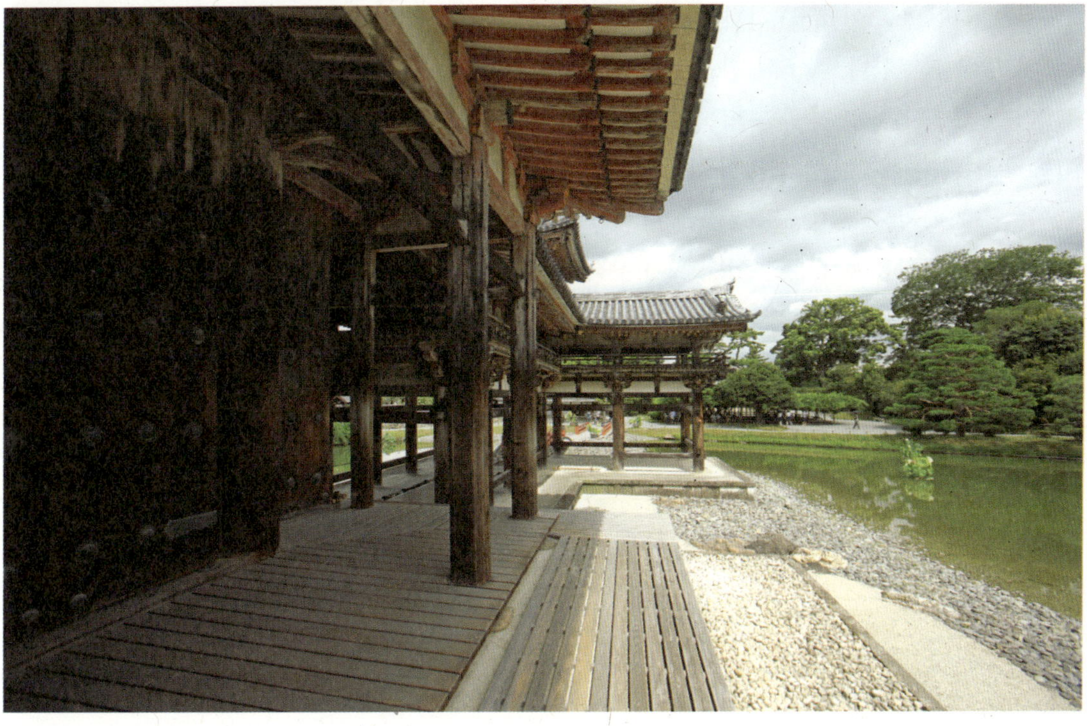

소리를 들려주고 빛을 받아 빛나는 모레들은 마치 칠보로 장식된 극락의 대지와도 같다.

　　　여러모로 독특한 양식의 중심 전각인 봉황당(鳳凰堂)은 마치 봉황이 날개를 펴고 있는 듯 'T'자형의 평면을 이루고 있다. 이 구조는 건물이 보다 많은 공간적 거점을 확보하게 하여 그 모습을 단번에 보이게 하면서도 전면·측면·후면 어느 곳에서도 일획으로 펼쳐지는 간결하고도 적은 구조적 효과를 만들어낸다. 마치 자연처럼 가장 적은 것으로 만족하면서도 가장 많은 것을 함유하는 형태의 빈 회랑은 양 옆으로 확장하며 더욱 수평적 연계를 가진다. 동시에 중앙의 높은 지붕과 양옆의 날개 누각은 솟아오르는 상승감을 가지고 물 위에 비친 모습으로 인하여 공중에 떠 있는 듯 위와 아래로 상승과 하강을 함께 이룬다.

　　　양 끝이 호수 쪽으로도 돌출되어 있는 이 누각은 전면으로도 진출한다. 본당 지붕 위에서 마주보며 날아가듯 서 있는 수컷 봉(鳳)과 암컷 황(凰)도 함께 참여하여 삶과 죽음처럼 이질적이며 동질적인 자태의 긴장감과 더불어 건물 전체가 집중과 확장을 동시에 반복하고, 비방향의 요소들을 생산해낸다. 모든 방향을 가리킴으로 어느 곳 하나 특정적 방향을 지향하지 않는 이곳은 동양적 해체의 형식을 전한다. 이곳의 좌우대칭의 정립된 해체는 사방좌우로 눈발이 흩날리듯 바람이 쓸고 가듯 흩어지고 증발한다.

　　　그러나 존재감은 완연하다. 존재감을 버리고 무만을 지향한 미니멀이나 해체는 그 자체의 불완전성을 동시에 함축한다. 동아시아인이 추구했던 유와 무가 함께 발현되는 현상은 다양한 요소들의 이질성을 훼손시키지 않으면서도 단일한 정체성과 다양성을 동시에 가지는 재현의 영역으로 그 자체로 해체적이고, 그 자체로 완성된다.

보도인 측면
중앙의 높은 지붕과 양옆의 날개 누각은 솟아오르는
상승감을 가지고, 물에 비친 모습으로 위아래로
상승과 하강을 함께 이룬다.

불상과 비천상들
천상과 지상을 오가는 구름 위 비천상들의 춤과
연주는 부처의 후광과 천지로 하나가 되어
쾌락마저도 떠난 망아적 경지의 천음을 들려준다.

중앙에 불상을 안치한 봉황당 내부는 작은 공간을 세 겹으로 나누어 경계가
없는 듯 한정 없는 공간처럼 느껴지게 하여 아미타불을 크게 자리하게 한
극락정토의 중심이다. 애초의 모습을 상상하노라니 실내에 가득한 부처 뒤로
나뭇잎 모양으로 투조된 금빛 광배의 후광이 방 안 가득 빛을 내고, 천장에
새겨진 나전과 그 주위로 매달린 예순여섯 개의 동제 거울들이 빛을 받아
흔들리며 꽉 차 있는 상태의 장식들을 다시 확장시킨다. 당대 최고의 조각가
定朝
죠초오가 조각한 좌우와 뒷벽에 개별적으로 걸려 있는 모든 불상들은 벽체가
                                          天音
비어 있는 듯 시방으로 광채를 발휘하며 연이은 보배들의 천음을 울려 퍼지게
한다. 51인의 목조 공양불들은 구름을 타고 천상의 음악을 연주하며 춤을 추듯
불상을 외호하여 이곳을 극락세계의 중심으로 이르게 한다.
       淨土宗
       정토종의 주요 경전 중 하나인 『관무량수경』과 『무량수경』등을
보면 "불국토는 약간의 바람만 불어도 보석으로 장식된 가로수와 나망에서
아름다운 소리가 나와 마치 백천 가지 악기가 합주하는 것 같으며, 이 소리는
모두 진리를 말하는 법음이 아닌 것이 없어 듣는 모든 사람은 번뇌가 사라지고
절로 부처님을 생각하게 하는 곳"이라 말한다. 천상과 지상을 오가는 구름
위 비천상들의 춤과 연주는 부처의 후광과 천지로 하나가 되어 공중으로
떠오른다. 쾌락마저도 떠난 신기에 가까운 조각들의 표정과 몸짓, 손놀림
그리고 반향을 울리는 북을 치는 손의 움직임, 거문고와 비파를 뜯는 소리들은
불경에 쓰인 그대로 '청량하며 맑고, 애절하며 미묘하고 온화'하다. 망아적
           樂
경지의 악으로 심미적 경지에서 들리는 천상의 소리다.

       모든 것이 광대해지고, 열락의 공간으로 화하게 하는 춤은 정지하지
않은 운동감으로 불당 안을 춤추며 도는 듯 나아가고 물러간다. 방 안을 가득
채운 율동과 음률의 시청각적 공간은 아침이면 해가 아미타불의 정면으로
찬란히 쏟아지고 점차 홀연히 들어와 10,000색과 하나 되어 비추는 빛으로
비천들의 춤과 합하여 종교적 경지가 추구하는 바 그대로를 재현해내는 공간
이상이 된다.

웅장하면서도 동시에 몽환적인 그림들로 채워진 동서남북의 벽과 열리고
닫히는 미닫이문들에는 춘하추동의 사계가 그려져 있다. 〈구품왕생도〉라
하지만 이 그림들은 마치 '이 삶이 극락이라' 말하는 듯 삶의 풍경을 묘사한
산수화이다. 풍요롭고도 광대한 하늘의 끝과 시작을 보는 듯한 아득하고도
구름 같은 산들과 부드러우면서도 강인한 절벽과 물결 등은 호방하면서도
모호하고, 화려하면서도 간결하다.

봉황당 북쪽 문에 그려진 〈아미타내영도〉에는 중생을 구원하러
지상으로 내려오는 아미타불이 있다. 〈구품왕생도〉와 함께 평면의 그림으로
이루는 그림 속의 공간은 문의 높낮이 등에 따라 시점이 다양하게 선개된다.
이로 인해 시점에서 해방되고 자유로워 보는 이의 시선 이동을 자유자재로
유도하여 불당내의 해체적인 건축적 효과에 부합한다.

지극히 화려한 불당 내의 이러한 장식들은 빈틈없이 화려하나 빈틈없이
느껴지는 것이 아닌 마치 공간이 무한하여, 차고 빈 것이 없는 느낌으로
귀결된다. 아미타불이 주재하는 극락의 이름 그대로 '무량과 무변의 부족함이
없는 완전한 세계'를 뜻하는 쾌락하고, 안온한 곳이다. 거미줄처럼 투명하게
짜여진 세사를 보는 듯 비어 있는 화려함은 교직된 공간 속으로 드리우며
찬연한 빛들과 함께 '화려함이 억제되어 오히려 화려한 경지'가 된다. 마치
10,000색을 가지면서도 순미를 이루는 순일함으로 천지의 기를 머금고도
단색의 광명을 발하는 달빛과도 같은 경지로 해체적이면서도 디지털적인
무한한 화려함으로 현대의 조형적 원리와도 닿아 있는 지점을 가진다.

단순한 현상학적 성격을 넘어서 무한을 위한 빛과 관계 맺는 형식은 모든
것이 자연의 생명 순환의 고리인 양 시작과 끝을 무력하게 만든다. 어느 신비의
영역 속에 존재들을 배치시키는 듯한 공간의 산포 방식은 어느 것 하나 거리낄
것이 없다. 초월성에 부합하지 못하는 존재는 무형과 무성으로 보고 들으며
비천상이 연주해내는 부드러운 환상의 곡조 속에서 서방정토 끝으로 흘러
들어간다.

현실의
극락정토

조수가 밀려올 듯 자갈로 이어지는 본당 앞 연못의 모래밭은 완충과 흐름을 인위적으로 유도하고 움직임을 더하여 경계를 무마시킨다. 이곳에선 호수 너머 속세가 오히려 더 아름다워 보인다. 아름다운 공간은 경계 너머에서 동떨어져 존재하는 이상의 공간이 아니며 공간 속에서 공간 외적인 다른 모든 것들을 아름답게 바라볼 수 있는 일체화된 힘을 제공한다. 미를 보되 상대적 추를 보게 하는 것이 아닌 모든 것을 아름답게 보이게 하는 힘을 갖는 것이 미로 이룬 신적 공간이다. 공간적 힘이 공간 밖의 반대로 환원되는 순간 이곳과 저곳은 하나라는 깨달음을 얻는다. 혼란으로 이끄는 구별이 아닌 사물들을 환희로 빠져 들어가게 하는 세상은 모든 것이 평등하게 느껴진다.

시간과 공간으로 한정되지 않는 존재인 아미타불의 가르침은 '사물의 형상이나 시간 등이 결코 독존적이지 않으며 전체와 끝없이 관련되어 평등하다'는 것을 보도인을 통해 말하고 있다. 아름다운 수목이 번성하고, 향기와 바람이 불며 아름다운 강이 묘음을 내며 흐른다고 하는 극락세계의 모습은 경치 좋은 극히 자연적인 현실 세계를 묘사함에 다름 아니다. 본당 내의 산수화 〈구품왕생도〉처럼 극락은 사후에 따로 있는 것이 아닌 자연의 한계와 영역을 극대화하여 시공간의 영역과 한정이 없게 될 때 극락세계와 이 세계가 함께 포섭되어 죽음 이후의 경계도 무화된 불국토라는 것을 알 수 있다.

종교적 건물이 우리들에게 '종교적 이상이 미적으로 실현된 것'을 뛰어넘는 의미를 갖는 이유는 삶의 근간이 그 기저에서 빛을 발하고 있기 때문이다. 신과 인간과 신의 매개들로 이루어지는 미적 현상들과 삶은 인간이 빚어낸 일종의 극락이라는 하나의 환상을 심어주고, 현실과 대치시키며 이곳과는 다른 영역을 생산해낸다. 이것은 표면도 본질도 아닌 삶의 이미지이며 일종의 해방감을 누리는 가상적 장치이다.

겹겹이 흘러드는 자욱한 공기의 결을 따라 중앙 불단 양옆으로 날아갈 듯 흐르는 가벼운 한 가락의 회랑 길을 걷는다. 이 길은 원래는 지나다니는 곳이 아닌 가상적인 미적 장치로 지어졌다. 건물은 가상과 현실을

동시에 가진다. 가상은 존재가 보다 많은 것을 가지려한 실질적이면서도
아름다움이라는 효용을 가진다. 가상의 회랑에 꿈꾸듯 무심한 듯 존재의 어느
지점에서 우주의 숨결이 느껴진다. 모든 시방세계의 온갖 벌레들도 해탈하여
모두 평등정각을 성취한다는 그곳이 보도인이며, 이곳에서 바라본 세계가
극락으로 바로 내 옆에 와 있다.

△

해체적인 건축 외관
좌우대칭의 정리된 해체는 바람에 흩어지고
증발한다. 유와 무가 함께 발현되는 형상은
해체적이나 그 자체로 완결된다.

봉황당의 〈아미타내영도〉
그림 속 부처와 공간은 건축의 시점을 다양하게
전개하고 시간을 초월하여 공간 그 이상이 된다.

경복궁
경회루

경회루 전경
하늘의 법칙과 순수에 입각해서 응시된 하늘을 만든
건축.

경회루 내부
고정된 것은 거의 없이 빈 벽으로만 가득 찬 거대한
공간은 더 이상 단순화될 수 없는 점과 허공으로만
지어진 건축이다.

천지와 더불어 구별 없이 거대하게 확장하는 듯 경회루는 눈 아래 수십 마리^{天地}
용들의 비상을 뒤로하며 끊임없이 흔들리거나 미동하지 않는 담대함을 현실적
모습으로 드러낸다. 기둥들로만 엮은 허공과 거대한 지붕으로 천지를 포섭하며
천상에 정좌한 듯 사각형이 만든 우주의 틀 속에서 지상과 천상을 자유로이
왕래한다. 도가의 천인합일과는 다른 유가의 천인합일을 대하는 듯 자연적인
것을 넘어 인위적인 것과 형이상학이 결합한 종교적이며, 예술적인 경지로 삶을
승화시킨다.

유학적 천도의 실현은 인문적 하늘을 인간의 심성에 도입함으로 인간^{天道}
존재의 근거를 확장하여 거대하고 무한한 형식의 공간을 열게 하였다. 인간
스스로 자연계와 더불어 원융의 상태로 혼연일체에 이르는 모습은 고요하고
조짐도 없는 세계로 모든 작용을 가능하게 하는 원리의 본체로써 무한히
자유로울 수 있다고 생각하였고, 인간이라는 제한된 개체의 부분으로 전체를
이해하려고 했다. "유학자들에게 이 세계는 고통의 심연이 아니다. 황홀한
생명의 약동을 선으로 보는 우주에 대한 환희의 경험이다." 그러기에 진리는
예술 그 이상의 형식인 신비와 환상으로 드러나고 우주의 웅혼함에 합류하려는
인간의 의지는 형식을 넘는 황홀한 형식이 되어야 했다.

성리학을 국시로 삼은 조선은 천리만물을 자기 자신의 몸과 하나로
느낄 수 있는 것과 같이 장대하고 무한한 공간 속에서 이룬 인간세계를 건축과
예술 그리고 삶의 이상으로 삼았다. 아름다움의 이상은 형식적 속성의 발현이
아니라 존재의 미를 드러내는 궁극적인 질서의 현현이었고, 자율적이므로
개인의 자각이 세계의 중심이 되고 자신이 만상으로 확장되는 시발점이 될 수
있었다.

경회루 전경
가상을 품은 실상의 모습으로 형식이 아닌 존재를
드러내는 궁극적인 형식이 되었다.

인위를 넘은 천위

인위(人爲)
천위(天爲)

태종 12년(1412)에 지어진 것으로 알려져 있는 경회루는 토목의 공역을 훌륭히 관장한 공로로 사졸로부터 일품의 지위까지 올랐던 공조판서 박자청(朴子靑)의 감독하에 건축되었으며, 성종 때 대대적인 수리를 하였다. 그러나 선조 때 소실되고 고종 2년(1685) 터에 남은 기둥초석의 위치와 개수를 바탕으로 정학순(丁學洵)이 경회루의 건축 원리를 밝히어 경회루 중건의 지침서라 할 수 있는 『경회루전도(慶會樓全圖)』를 남긴다.

경회루는 본래 '화기를 제압하기 위해 지어진 누각이며, 큰 연못을 구성해 화재로부터 경복궁을 보호하기 위한 것'이었다. 또한 왕은 "하늘을 따르고 하늘을 대신하여 지극히 세우는 것인데 응당 하늘의 법칙과 순수에 입각해서 응시된 하늘을 만들어야 하지 않겠느냐"고 거대한 누각의 조성 이유를 밝히고 있다.

건축 구성의 원리는 "36궁의 복희괘는 체(體)로서, '육육양제법(6×6=36)'은 용(用)으로서 차용되었다. '6'이라는 숫자는 일종의 기본 단위 모듈과 같은 것으로 과감승제의 방법으로 전체 건축을 통괄"한다. 『주역(周易)』의 상징을 동원해서 설명하는 경회루의 상징체계는 경복궁의 정전인 근정전보다 높고 크기 때문에 만든 건축적 명분이기도 하지만 근원적으로 경회루의 평면이 하늘과 땅의 체계와 질서를 담아내기 위한 유가적 실천 의지가 내포된 이유이기도 하다.

경회루는 규범적이고 이법적이며, 'ㅁ'자형 세 개가 중첩된 정형적인 형식으로써 주역과 성리학적 유가 미학을 그 배경에 둔다. 주자는 존재의 세계를 이(理)와 기(氣)의 두 측면에서 파악하였는데 유(有)와 무(無)는 동일하게 생각하였으나 존재론적으로는 분리하여 생각하였다. 이는 존재의 법칙성으로서의 본체이며, 기는 구성과 질료로서의 현상이라는 상대적 두 세계를 설정하고, 이를 융단하고 조합하여 현실 세계의 질서와 제도의 합리성과 가치를 찾았다. 이를 통해 하늘의 본성인 우주적 규모와 원리로 인간을 파악하여 현실을 기반으로 삶을 승화시키고, 예술적 심상이나 심미적인 안목으로 사물을 관조하게 하는 것이다. 천지의 상징체계인 질서의 이치로 기를 지배하고 인문 세계인 덕의

274

경회루 외관

물에 비친 하늘 위로 용들의 군무가 빈 공간을
통해서 이어지고 기하학적인 질서와 무형의
천인합일을 이룬다.

근정전 천장의 용

일곱 개의 발톱을 가진 근정전 천장의 용을 통해
기둥에 조각되었을 용의 모습을 상상할 수 있다.

발현으로 다스리는 세상을 꿈꾸며 인위를 넘은 천위(天爲)의 형식으로 모든 형기에 응하려고 하였다. 형태의 애착으로부터 무표현적이며, 초연하고 무심한 듯한 자재로움과 무한한 개방의 깊고 맑으며 태연한 형식으로 진실이 통하는 틀로써 천지자연과 조응하려고 한 것이다.

우주적 원리의 건축

경회루의 1층과 2층은 모두가 비어 있다. 무위무형의 진공상태로 비어 있는 것은 아니다. 끊임없는 기(氣)의 취산 작용으로 가득하여 유무가 동시적 방식으로 다양한 현실과 인간의 합일을 지향한다. 건축적 장치는 열고 닫을 수 있는 문들만 있을 뿐 그것들은 홀연히 존재하다가 사라질 따름이다. 모든 것이 동시적이며, 경연과 연회를 베푸는 등 다양한 이벤트들은 순간적이기에 이곳에서는 선별된 것만을 찾으려 한다면 불완전한 것이 될 수밖에 없는 장소이다.

장자는 "삶은 물(物)을 떠나서 살 수 없으므로 만물과 더불어 그 한계를 알 수 없다"고 하여 진(眞)이란 개념을 '인위를 넘은 인위로서의 자연으로 해석하고 주체를 알 수 없는 해체적인 것'으로 상정하였다. 이러한 이유로 도가는 현실의 문제를 해결하는 적극적이고 자율적인 방법인 '무위로써 하지 않음이 없는(無爲 無不爲) 무불위'의 현실적 실용의 극대화를 추구한다.

이에 반해 유가는 이와 기, 유가 무로 함께 존재하고 발현된다. 실체와 현실을 분리하여 함께하는 것으로 생각하였다. 유가와 도가는 다양한 방식으로 현실과 인간의 합일을 지향하였으나 유가는 본체와 주체와의 합일을 위해 성인이 된 인간을 지향하며 인위적으로라도 인위성을 제거해야 한다고 제안한다. 인간 본연의 마음과 하늘의 도를 통해 창생하고, 천지를 운행하게 하는 원리로서 상응하게 하여 인간을 우주로 확충하게 하는 이론적 토대를 제공하며 동시적 근원성을 가진다. 비자발적 주체가 아니라 자발적 주체로서의 위(爲)와 무위(無爲)를 함께 가진 것이다.

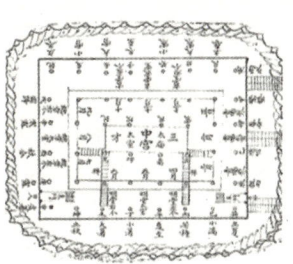

경회루 2층
가상을 품은 실상의 모습으로 형식이 아닌 존재를
드러내는 궁극적인 형식이 되었다.

경회루 단면도
세 개의 사각으로 둘러싸인 점만으로 이루어진 평면.

해체적인 몽환과 비방향의 시공간에서 자유와 비형상을 추구하는 것이
아니다. 기하학적인 기의 질서와 무형의 이를 통해 공간 및 시간적 제한성을
넘어서며 한 치의 오차도 없는 법칙을 가지고 절대적인 진실성을 내포하는
우주적 원리로서의 건축을 통해 불변의 보편적 기준을 제시한다.

욕망 없는
환영

기하학적인 사각형의 연못 위에 사각 섬 세 개가 떠 있고, 그 중의 가장 큰 섬에
경회루가 태연한 듯 서 있다. 내부 역시 사각형 세 개의 중첩으로 이루어진
단일한 평면이다. 문으로만 이루어져 있기에 고정된 것이라곤 기둥의 점뿐으로
더 이상 단순화될 수 없는 마흔여덟 개의 점과 허공으로만 이룬 건축이다.
점으로 만든 거대하고 무한한 건축은 물속에 비친 그림자와 합하여 실제와
그림자가 섞여 환영처럼 존재하며 위아래의 하늘을 배경으로 포섭한다.
　　　해와 달과 별의 삼광(三光)을 뜻하는 세 개의 다리를 건너면 1층은 붉은
꽃비가 내리는 듯한 단순한 단청 천장 아래 화강석 기둥의 열주로만 지어진
아득한 빈 공간뿐이다. 2층은 중앙의 태극에서부터 양의(兩儀)로, 양의에서
사상(四象)으로, 사상에서 8괘와 64괘로 퍼져나가는 단계로 평면과 기둥을
배치하였다. 사계절과 24절기 등의 상징으로 압축되어 있고, 확장해나가는
축소된 하나로서의 평면은 그 의미를 총체적으로 가지는 동시에 수학적 질서의
환원으로서만 이룩된 텅 빈 우주가 된다.

경회루 1층
단순한 단청의 천장 아래 기둥의 열주로만 지어진
시작의 섬은 붉은 꽃비만 아득한 빈 공간일 뿐이다.

가진 것 없는 질서로 모든 게 유동적이고 탄력적임으로 기하학적
건축이나 곡선 같고, 비기하학적 공간과도 같다. 실체와 가상의 혼합으로
위계적이지 않고, 전체는 통공간으로 무한 차원의 전체적 영역에 직면하게
한다. 점과 허공만을 가지므로 아무것도 소유하지 않는다. 욕망조차 필요로
하지 않으나 창문틀은 최소한의 장식적 디테일로 주변을 건축 속으로 끌어들여
자신의 존재를 극대화한다. 확장시키는 한편 비결정적 구조로 존재한다.
어디에도 속해 있지 않는 이상을 가지며 맑은 못 속에 비친 푸른 하늘을
내려보게 한다.

성종 때 중수한 기둥에는 용들을 조각하여 물에 비치게 하였고,
일렁이는 물결에 따라 그림자가 마치 실제로 화(化)한 것같이 물에 비친
하늘 위로 용들이 떼 지어 날아다니게 하였다. 하늘 위로 떠다니는 용들의
군무는 실체보다 더 사실적으로 보이는 것 이상을 보게 했다. 그러나 용들의
군무는 조선 유학자들의 미적 취향은 아니었다. 수십 통의 상소문이 올라와
부당함을 전하고 폐할 것을 요구한다. 그것은 사실적인 것을 넘어 근본적인
형식과 추상적 원리를 통해 드러내는 것을 아름다운 것으로 보았기 때문이다.
조선 유학자들이 추구한 심오한 미적 측면이라고 할 수 있다.

유교적 미의
원형

경험되는 세계만 인식할 수 있다면 경험의 틀에 얽매여 구속될 뿐 아니라
이미 경험된 세계로만 인식할 수 있기에 평범해진다. 경회루는 동양 건축이
경험하지 못한 무한한 가능성에 주목하여 현실적 판타지를 건축과 건축 외적인
것의 결합으로 만들어낸다. 『경회루전도』에 "동측문에 일출(日出) 서측 문에는
일입(日入)"이라고 적혀 있듯 태양의 기운이 드나드는 곳임을 상징하고 있다. 지금은
동서측 계단 위에 '일출 일입'이라고 적혀 있는데 이는 상징만이 아니다. 일입과
일출을 통해서 태양이 들고 나가는 곳이 계획된 내용의 하나로 현실적 체험을
가능하게 하였다.

경회루의 동과 서의 정면은 비어 있고, 주변의 건물은 모두 낮아 새벽녘 이곳에서 경연이 열릴 때면 해가 뜨고 낮게 드리웠다. 그때 빛은 공간 전체에 깊숙이 스며들어 건축의 모든 바닥이 아침의 맑은 빛이 된다. 해질녘에는 석양빛과 어둠이 교차하는 반묵의 빛으로만 지어진 집이 된다. 건축의 동서 측 모서리에서 해를 맞고 보낼 뿐 아니라 동서남북 주변의 산들과 감응하고, 아래로는 물속에 비친 하늘과 위로는 천상의 하늘이 겹쳐져 천상의 중간 지점에서 멀리 펼친 천지를 아득히 바라보게 한다. 인류에게 인식의 지평은 그의 정신이 이루어낸 정신적 인식의 공간이다. 인식으로 공간의 한계를 극복하며 무한하고 아름다운 공간을 만들어내려고 했다면 경회루는 인식과 존재의 지평을 넘어선다.

가상과 인식을 품은 현실이나 허공으로 만든 실체로 해와 달과 별을 눈 아래 두고 우주와 합일하고, 사방의 천지와 통한다. 자연 그 너머까지 포용하는 실체적이고 가상적인 현실로 아름다운 환상과 괴리되지 않는다. 비록 현실적 합의와 명분을 위해 철저하게 음양오행의 개념과 『주역』의 수적 원리로 드러내는 건축이긴 하나 허공 밖에 없는 이곳은 원리나 숫적 확장의 원리들은 건축적 형식과 구조로 볼 때는 아무런 역할도 하지 않는다.

실제 36궁은 서른여섯 칸이 되어야 하나 건축은 서른다섯 칸이다. 제외된 한 칸은 건축 밖의 허일^{虛一}이며, 태극이라는 것으로 실제를 대체한다. 미세한 부분까지 육육양세법을 적용하고 있다고 하나 그렇지 않은 곳도 많다. 단지 현상계의 원리로 지어진 상징적이고 은유적 실체만 가질 뿐이다. 상징은 실체의 배경으로 형식으로 가질 수 있는 자신을 넘어설 수 있는 실제적이고 관념적인 방법 중의 하나일 뿐이다. 경회루는 이와 기의 합산으로 이룬 우주적 원리의 건축으로 우주만큼 자신을 극대화한 '흔적과 같은 건축'이라고 할 수 있다.

감각을 초월하는 환상은 모든 예술이 지향하는 바이기도 하다. 인간과 공간은 상호 교감하는 듯 4차원적 전체로서 하나가 되어 감지할 수도 없는 크기로 심후한 형태를 갖는다. 마치 하늘과 하늘의 허공 사이에 있는 듯 모든 것과 조응하고, 물질과는 상관없이 공간이 공간 그 자체로만 존재하는 듯하여 고정적인 대상에 속해 있지 않는다. 텅 빈 허공으로 삼라만상 그 너머에 있는

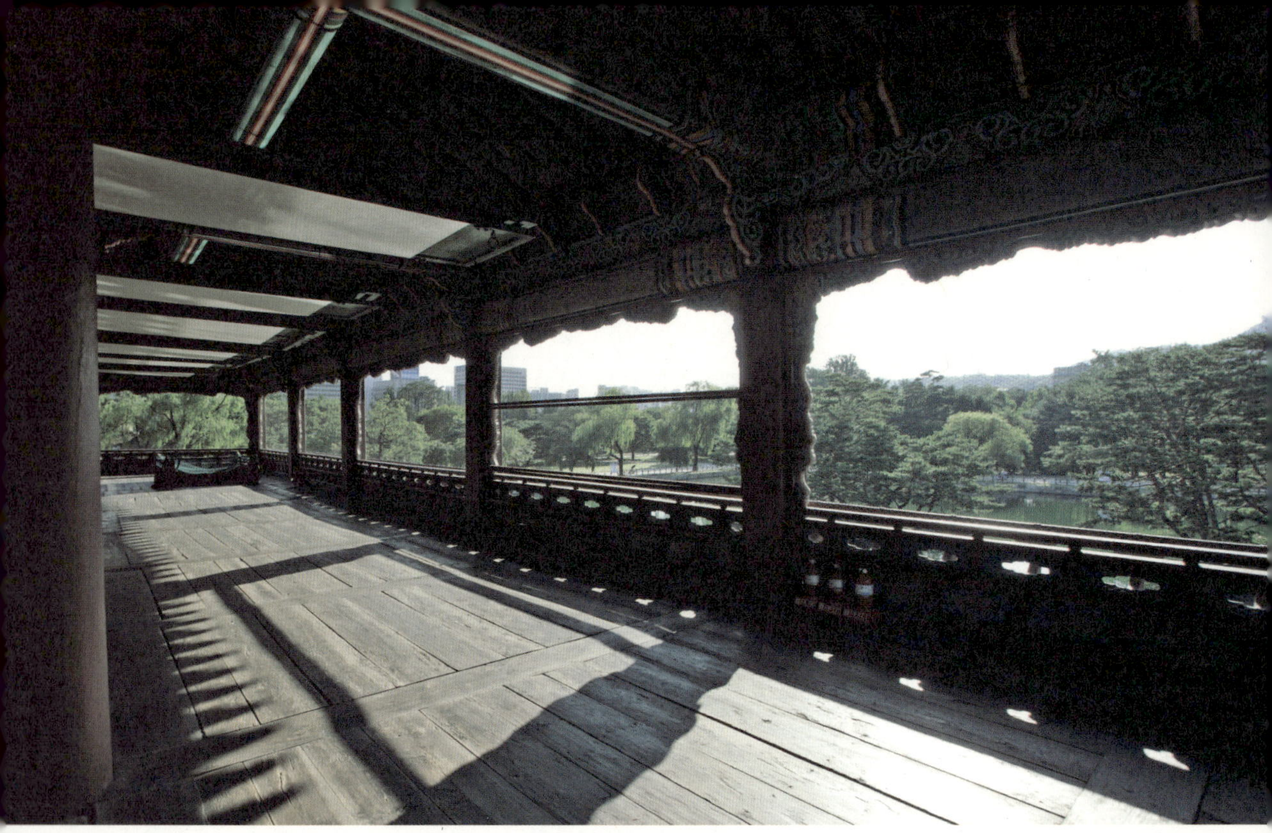

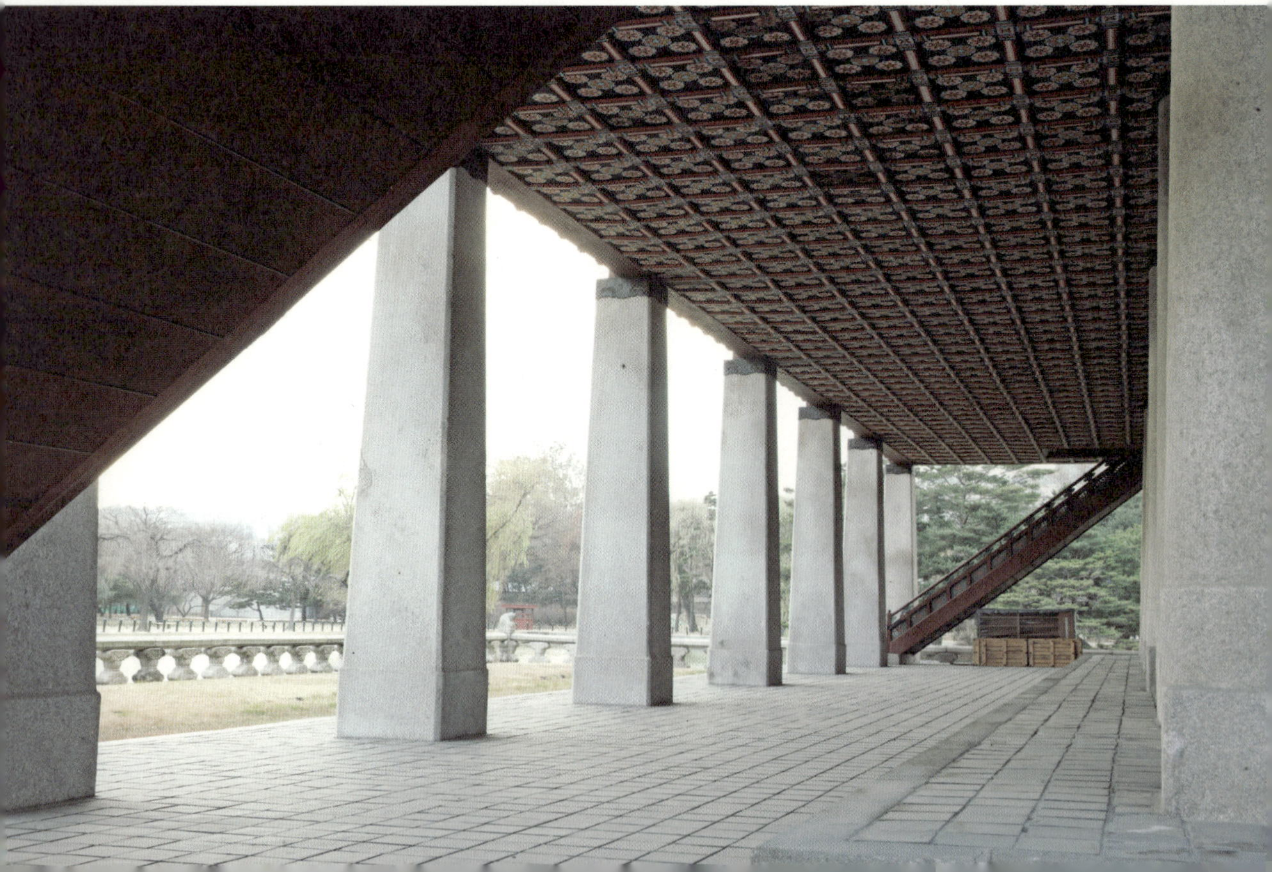

것 같아 자유롭게 공간 이동을 한다. 상징적이고 완전한 절대 세계의 구축도 아니며 미완으로 완성된 완성도 아니다. 아무것도 보탤 것 없고 뺄 것이 없는 허(虛)의 현행으로 시공의 구속에 대해 알지 못한다.

플라톤은 "미(美)란 시간성을 초월한 형상이며 소멸되는 것을 넘어서는 원형"이라고 하였는 바, 유교적인 동양의 건축을 통해 서양미의 원형을 짐작하게도 한다. 형태 그 너머에 존재하며 자신을 갖지 않는 최소한의 형식으로 우주의 원리가 그러하듯 자신도 그러하다.

△

2층 회랑
창문틀의 섬세한 장식을 통해 주변 천지를 자신의
내면으로 품고 멀리 펼쳐진 천지를 아득히 바라본다.

1층의 계단
왼쪽은 일입, 오른쪽은 일출을 통해서 태양을 맞고
태양을 내보내는 건축이 된다.

성스런 속세

타지마할

입구에서 바라본 타지마할
어떤 신전보다 성스럽고, 낙원보다도 아름다우며
어떤 종교보다도 철학적인 건축이어야 했다.

타지마할 전경
반투명한 안개처럼 대기와 색조를 잠식한다.
타지마할은 무한한 깊이와 평면성 사이에 살아 있는
자가 느끼는 천국이다.

이것은 마치 반투명한 안개처럼 대기와 색조를 잠식한다. 무한한 깊이와 평면성

사이에 있는 매스인 동시에 매스가 아닌 허공과 같은 벽, 허공처럼 열려 있는

흰 벽의 타지마할은 존재하지 않는 듯 살아 숨쉰다. 여기는 살아 있는 자가

느끼는 천국이며, 존재는 타지마할의 대기 속으로 흡수된다.

     1526년 징기즈칸의 후손인 중앙아시아 티무르 제국 출신 유목민들은

인도를 정복하고, 아그라에 수도를 세워 정착한다. 페르시아 문화를 모태로 한

유목민들에 의해 인도는 회교 제국이자 몽골의 다른 이름인 무굴 제국으로

탈바꿈한다. 무굴 제국의 왕들은 유목민답지 않게 문학과 예술 그리고 인도

철학에 대한 애정과 열정을 갖고 있었다. 이슬람교와 힌두교의 공존과 통합이

모색되고 허용되었기에 피지배자인 인도인들은 그들의 종교를 배반하지

않아도 되었다. 철학자인 카비르와 나낙, 타지마할을 지은 샤 자한의 첫째 아들

다라 쉬코는 인도 철학의 정점인 『우파니샤드』 철학에 지대한 관심을 가지고

힌두교와 이슬람교의 융합을 주도한다. 무굴의 왕들은 이교도의 국가에서

범어를 페르시아어로 번역했으며, 그에 대한 시와 철학적 담론을 즐겼다.

     건축에 관심이 있던 제5대 왕 샤 자한은 아내 뭄타즈 마할이 죽자

시간과는 무관한 영원불멸의 영묘를 만들어내고자 한다. 영묘는 신전보다도

성스러워야 했고, 어떤 낙원보다도 아름답고 어떤 종교보다 철학적이어야

했다. 이로 인해 타일로 치장하는 페르시아식이 아닌, 크기가 보다 풍성하고도

고아한 인도식의 흰색 대리석 돔이 솟아오른다. 이 영묘는 '모든 유한한 정신적

활동이 그친 상태로 자아가 아무런 방해 없이 순수하게 드러나는 지극한

희열의 상태이자 모든 욕망과 두려움에서 해방된 깊은 수면의 상태'를 말하는

『우파니샤드』의 근원적 실체와 부합하는 듯 고요하고도 완전한 모습으로

축조된다.

     왕비가 죽은 다음 해인 1632년, 건축가 우스타드 아흐마드 라하우리와

샤 자한의 아버지 자한기르가 총애한 미르 아브둘 카림은 무굴 양식을 따라

정원이 딸린 무덤인 타지마할을 만든다. 인도와 중앙아시아에서 온 20,000명의

인부들이 투입되어 22년에 걸친 공사가 시작된다. 부르한 푸르에서 죽은 뭄타즈

마할의 시신은 아그라로 옮겨져 무덤의 정원 부근에 임시 매장된다.

측면 외관
이슬람과 힌두교의 공존과 통합으로 이루어진
순수한 희열의 상태 같은 건축이다.

야무나강 강가의 타지마할
모든 욕망과 두려움에서 해방된 깊은 수면의 상태
같다.

이성의 형식으로 이룬
자유

타지마할은 사랑하던 아내를 잃고 지은 영묘로 알려져 있다. 하지만 사랑의
열정으로 지어진 건물이라기보다는 아름다움에 대한 통찰로 얻어진, 고도의
지성으로 이룩한 건축이다. 모든 것은 완전히 이성적이고 치밀하리만큼
형식적이다. 붉은 사암으로 된 아치형 정문을 들어서면 절대적 비례의
타지마할이 하늘을 배경으로 하얗게 떠 있다.

　　　타지마할 정면의 정원은 사방이 벽으로 둘러싸인 네모난 땅을 수로로
네 등분 한, 이슬람교의 낙원을 상징하는 전형적인 정원의 모습이다. 강물이
흐르고 꽃과 나무로 꾸며진 아름다운 낙원에서 쾌락의 즐거운 삶을 누리고
싶은 꿈이 실현된 듯, 풍요로운 생명의 원천을 상징하는 사방의 수로의
교차점에서 인간과 신이 만나는 장소로 설정되는 기하학적 구조의 정원이다.
위계적 질서에 따라 지어진 세공된 색채와 세밀한 장식, 중앙 축을 중심으로
한 좌우대칭 구도는 공간감을 배가시키는 주위의 탑들과 함께 중앙 집중적인
형식으로 설치된다.

　　　그럼에도 타지마할의 비례와 구성의 엄격함은 기하학적 균형을 깨지
않고도 매우 다양한 변형과 이미지를 끌어내는 신기를 발휘한다. 네 개의
첨탑은 오롯이 타지마할의 창공만을 담아내어 우주를 포용하는 듯한 효과를
극대화한다. 이 전형적 형식의 철저한 대칭은 지고의 고요함으로 변모하고,
동시에 현란한 화려함까지도 발화시킨다. 기하학적 형식이란 덜어낼 것이
없기에 수학적으로 순수하며, 완전한 형식으로 여겨졌다. 그러나 인간이
꿈꾸는 열망과 소망은 기하학적인 것이 아니다.

외벽의 장식
거대한 백색의 매스는 비어 있는 듯 파여 들어가
있고, 벽 속에 상감된 꽃들의 문양은 순수한
화려함이 되어 영원한 고요를 꿈꾼다.

타지마할은 완벽한 형식의 틀 속에 충실하면서도 바람과 같이 형식을 날려버린 형식이 된다. 인간의 불멸과 불변에 대한 욕망은 변하지 않는 순수한 형식을 추구함과 동시에 비합리적이고 비논리적인 시적 속성들을 동시에 추구한다. 이곳에 머물기를 원하면서도 다른 곳을 열망하는 탈시공간적 속성은 타지마할을 통해 탄생한다.

찬란한 위용과 순결하면서도 완숙한 관대함으로 변모된 형식을 갖춘 타지마할은 무한한 자유를 획득하며 선율 같은 실루엣의 대칭적 구조 속에서 화려한 장식과 하나가 되어 바람 속에 흐른다. 형식은 죽음과 시간에 탐닉한 매혹적인 언어처럼 달콤하다. 시적이면서도 성스럽게 타지마할은 대지의 표면으로 떠오른다.

완전함을 품은
인도의 빛

살아 있는 모든 사람들은 빛에 경의를 표한다. 건물의 오목하고 볼록한 표면과 내부 장식에 비추는 강렬한 햇빛은 이슬람 건축의 화려함을 만들어냈다. 화려함의 효과를 극대화하기 위해 마치 빛이 디지털같이 부서지고, 산란하게 되는 모자이크 양식이 태어났다. 빛과 표면의 작용이 하나로 됨과 동시에 다양하게 변주하는 색채는 환상적 효과를 증대시킨다. 그러나 화려함으로는 부족함이 없는 이러한 양식은 그 이상의 영혼 같은 신묘함을 원했던 샤 자한에게는 만족스럽지 못했다. 그는 기존과는 다른 빛의 양식을 갖춘 새로운 건축을 원했다.

붉은 기단의 외벽
찬란하고 순결하면서도 완숙한 형식으로 흐르는
외벽은 화려한 장식과 하나 되어 바람 속에 흐른다.

타지마할에서 빛은 빛을 반짝이게 반사하여 화려하게 보이는 것이 아닌 달과 같이 은은하면서도 무엇보다 화려하고 깊이 있는 근원적 빛을 내뿜게 한다. 마치 형상을 초월한 듯 궁극적이고, 수면 같은 통일적 실재를 추구하는 『우파니샤드』의 철학처럼 그것을 앎으로써 다른 모든 것들을 알게 되는 단 하나의 근원적 미의 실재에 천착한 듯이 보인다. 이것은 빛을 투과하는 대리석의 사용으로 그 효과를 발휘한다. 안에서 불을 밝히면 빛을 흡수하여 내뿜는 특성을 지닌 대리석은 외부의 빛에 따라 반대로 흡수하고 반사하여 시간과 날씨에 따라 시시각각 다른 빛이 우주와 함께 감응한다.

우주의 주된 요소인 흙과 물, 불과 바람 등은 투명한 돌과 조응하고 중앙 연못 위에 비친 타지마할의 하늘에는 천상의 구름이 바람에 따라 흔들린다. 이들 요소는 지상과 하늘의 달과 별, 기억과 예지, 현실을 품는 신비함과 혼재되고 융합되어 전혀 다른 것을 만들어낸다. 그러나 이 다른 것은 지상의 모든 정기를 품고 빛나는 달빛 같은 흰색의 빛이며, 그 자체로 빛의 빛이 됨으로 텅 빈 공간을 전체적 매스와 함께 빛의 양상으로 이룬다. 스며 있으되 신비하고 황홀하게 살아 있는 생동감의 이 빛은 존재이자 유현(幽玄)한 침묵으로 지상과 함께하는 완벽히 초월적인 빛이 된다. 그 자체로 열려 있는 곳에서 빛과 그림자의 구분은 모호하다. 이 빛은 빛과 그림자를 동시에 가지는 동아시아의 빛과도 다른, 아무런 숨겨진 곳도 없어서 빛과 그림자도 없는 인도의 빛이다.

빛을 투영하는 백색의 표면에는 '삐에뜨라 두라(Pietra Dura)'로 불리는 수천 개의 준보석이 상감되어 있다. 유럽에서 온 베네치아 장인들의 손길로 장식된 꽃과 식물들 그리고 각종 무늬들에 빛이 투과되어 색마저도 투영되며, 표면의 무게감을 공중으로 날려버린다. 무게를 잊은 선과 색채 또한 바람에 휘날리며 자신을 잊어버린다. 타지마할 내부의 이중으로 비어 있는 중앙 홀에 뭄타즈 마할과 샤 자한의 비석이 있다. 주변에 둘러진 화려한 대리석의 병풍석과 관들은 향기로운 돌로 변모하며 그들의 잠을 낙원의 찬가로 바꾼다. 부활의 날에 행해질 최후의 심판이 새겨진 정교한 『코란』의 비문조차 이들의 잠을 깨울 것 같지 않다. 고요함과 평화가 이곳에 깃든다.

자체로 열린
건축

유목민 전사들 사이에서는 "겁쟁이들만이 담 안에서 잔다"는 말이 있다. 이들에게 이상적 공간이란 '확장하는 외부' 그 자체로 존재하는 것처럼 타지마할 역시 외부에서 보는 외관이 중시된다. 외부에서 느끼는 외부는 따로 들어가서 즐기는 내부의 필요성보다 외부에서 모든 것이 충족되는 공간이자 그 자체로 모든 것이다.

    타지마할은 이슬람 투조 양식의 대리석 창을 통해 들어오는 작은 빛의 파장들을 제외하면 크게 열린 창 하나 없이 철저히 닫혀 있는 거대한 매스의 덩어리이다. 그러나 전체 표면이 아치형으로 오목하게 처리되어 들어가고, 투조된 벽면은 빈 공간인 창을 가지지 않음에도 허공 같은 실제보다 더 깊은 공간감과 거리감을 발생시킨다. 빛이 투과되는 표면들과 함께 타지마할은 그 어떤 것보다 화려하며 동시에 모든 것을 상실하여 안개처럼 비어 있는 효과를 자아낸다. 건물 내부에서 우주를 보는 공간을 구현하지 않아도 우주는 이미 건물 자체와 혼재되어 열려 있다. 분명히 실존함에도 실제와 상관없이 느껴지는 허허로운 바람같이 흔적 없는 완전한 형식으로 존재한다. 몽환적이나 동시에 생생하여 꿈과 현실, 죽음과 생이 마주한다.

    앙코르와트가 '꿈꾸는 건물'이라면 타지마할은 '꿈꾸지 않는 건물'이며 묘도인의 극락 공간인 봉황당이 '열락의 공간'이라면 타지마할은 '기쁨과 고통도 없는 공간'이다. 형태와 공간 그리고 색과 빛을 가지고 있되 소유하지 않기 때문이다. 타지마할은 자연만을 가진 것이 아닌 그 자체의 형태로 자연이 되고 우주가 되고, 신이 된 건축이다. 신전이 아닌 인간의 무덤이기에 더욱 더 세계와 함께하는 성스러운 속세이자 현실과 환상을 넘나드는 존재의 동시적 속성을 채운다. 대지는 타지마할을 달 위로 떠오르게 하여 푸른 밤이 찾아오면 세상은 눈부신 빛으로 채워진다. 신화적 환기가 이루어지며, 우주의 시간은 죽음의 궁전을 하늘과 같은 빛의 휴식으로 순환시킨다.

    샤 자한의 첫째 아들 다라 쉬코는 회교 원리주의자인 수니파에 의해 이단으로 몰려 교수형 되고, 막대한 건축 비용으로 국가 재정을 파탄으로 이끈

샤 자한은 보수적 이슬람교도인 셋째 아들 아우랑제브에 의해 아그라성에
감금된다. 1666년 샤 자한이 죽자 아우랑제브는 그를 선왕에 걸맞은 장례
의식 없이 왕비 뭄타즈 마할 곁에 매장한다. 그리고 무굴 왕실을 풍요롭게 했던
포용과 관용주의에 종지부를 찍는다. 무슬림의 원리주의에 입각한 통치를 펼친
그가 죽자 무굴 제국은 그 영화로운 빛을 잃고 쇠망한다.

비가 되고 안개가 되는 대기 속의 타지마할이 황금빛 야무나강에 무수한
꽃잎을 떨어뜨린다. 조부 악바르 대제가 세운 아그라성에서 그는 유배자로 생을
마감한다. 자신의 꿈이었던 영묘 건너편으로 배치된 장소에서 삶은 공존할 수
없는 강 저편 타지마할을 세계의 끝으로 느끼게 한다. 영원하고 절대적인 미적
체험과 먼지처럼 덧없는 삶의 상념들이 안개처럼 부유하고 교차한다. 빛과
합하여 색을 발산하는 흰빛 대리석의 반향은 공기마저 빛으로 흐르게 하며,
달은 타지마할의 푸른빛으로 물든다.

△

물에 비친 정면의 외관
네 개의 첨탑은 창공만을 담아내어 우주를 포용하고,
엄격한 대칭은 지고의 고요함이 되어 현란함을
발화시킨다.

타지마할의 배면
근원적 실체와 부합하는 듯 고요하고도 완전한
모습으로 자신을 강물 속으로 숨긴다.

성 베드로 대성당

성 베드로 대성당 정면
로마 시민이 일찍이 소유하지 못했던 대성당으로
인간의 관점으로 신의 본향을 바라본다.

내부 공간
역설의 긴장과 해방의 감정을 가진 신의 빛이
유출되는 듯한 천장 아래 생명의 근원처럼 빛나는
미켈란젤로의 돔.

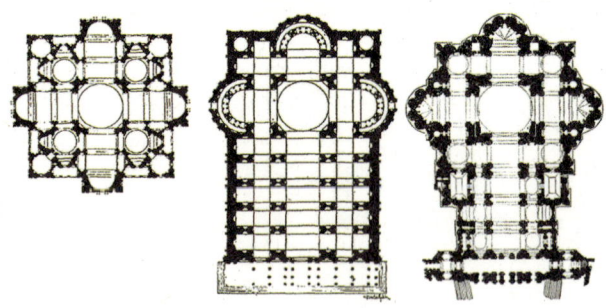

광장의 중심 오벨리스크
오벨리스크는 건축적 배치를 주변 광장과 연결시켜
이곳에서 모든 기독교 세계의 지표를 형성한다.

브라만테, 라파엘로, 미켈란젤로의 평면도
단순한 하나의 중심이 되면서 주변의 중심을 동시에
갖춘 평면의 구조이다.

아름다움은 우리를 절대자에게로 안내한다. 르네상스와 인간의 시대에
하느님은 만능의 넋을 가진 미켈란젤로를 그의 안내자로 내려 보낸다. 천부적
재능으로 생전에 예술가로서 절대적인 지위를 누리며 90세까지 기량과 천분을
다했던 미켈란젤로는 부분적으로 관여하던 성 베드로 대성당 건축에 교황의
간섭조차도 예외가 아닌 전권을 부여받는다. 1546년 그의 나이 71세였고, 이후
17년은 온전히 건축에 바쳐진 삶이었다.

인문주의에서 유출된
신의 거처

르네상스는 세계에 대한 시각을 신의 관점에서 인간의 관점으로 보기 시작하는
전환의 시대였다. 하지만 그럼에도 여전히 인간은 신의 영역을 대체하는 위치가
아니라 신의 가슴에 안겨 있었다. 신은 인간의 인문적 영역을 신적 영역으로
허락하고, 인간의 언어로 말하기 시작했다. 인간이 생각할 수 있는 모든 것을
이상화한 중세의 신은 인간의 사유 안에서 세계의 원동적 실체로서의 물체와
정신의 신이 된다. 인간적인 것과 지상의 것을 부정함으로 신의 본성에 가까이
가는 것은 적어도 신이 인간의 육신으로 태어났다는 교리에 위배된다. 인간은
신성을 내포하고 있는 존재이다.

　　은총스럽게도 그리스도교의 심장부인 바티칸 궁전 벽에 라파엘로의
이교도적인 지성의 빛이 그려진다. 그의 그림 〈아테네 학당〉에서 플라톤은
당당히 이데아의 세계를 가르치고, 교회의 장식들과 미사 전례 등이 내비치는
세속성과 인간적인 예술은 교리와 신의 세계에 새로운 장을 연다. 한편 신교는
세속적인 종교 예술을 부정하며 신앙을 지식보다 높은 곳에 두고, 그리스도
교도에게는 성서의 권위만 인정된다는 사실을 강조했다.

　　신성을 아름다움이라는 매개체로 신에게 안내한 르네상스의 예술가들은
철학·천문학·기호학 등의 표현 수단이 신의 말씀인 성서를 이해하고 이를
수용하는 데 도움이 될 뿐 아니라 신앙과 삶을 더욱 풍요롭게 만든다고 믿었다.
이러한 믿음은 레오나르도 다빈치처럼 정치·경제·예술·과학·철학 등 다양한

분야에 관심을 가지는 만능인들을 탄생하게 만들었다. 르네상스는 '모든 구석에 지혜의 아름다움을 지녔다'는 것이 하느님의 뜻이라고 생각한 사람들에 의해 예술사에 있어 최고의 성과를 거둔 시대가 된다.

바티칸에 플라톤이 장식되었다는 것은 이 시대가 고대를 이상 사회로 삼았다는 것을 보여준다. 고대 로마 스타일인 판테온의 둥근 돔 역시 여전히 감동적인 완전한 원으로 새 시대의 건축가들의 가슴에 각인되어 있었다. 고대를 향한 르네상스의 열정 속에서 플라톤은 미켈란젤로와 그의 동시대인들에게 신성한 빛을 선사한다. "그 높이 있는 별들로부터 어느 반짝임이 땅에 내려 나의 소망을 하늘로 이끌어간다"고 말한 미켈란젤로는 플라톤적인 인식의 지평 안에서 창조의 혼을 불러일으켰다.

신플라톤 사상에서 신^神은 일자로부터 네 개의 위계상의 실체가 나와 우주를 형성하고, 이 실체들은 위계가 낮아질수록, 즉 신으로부터 거리가 멀어질수록 완전성의 정도가 점차 희박해진다. 마치 플로티누스^{Plotinus}의 빛이 중심으로부터 멀어질수록 빛의 밝기가 어두워지는 것과 같지만 유출된 이 빛들은 다시 중심인 신의 본향으로 향하는 것과 같다. 우주라는 하나의 원에서 원천을 중심으로 순환적인 운동을 하는 회귀적인 흐름을 이룸으로 인간 영혼의 출발점과 목적을 일자와의 합일로 설명하며, 이것이 우주에 생명력을 부여하며 동적인 양상을 띠게 되는 근거로 보았다. 미켈란젤로는 "만일 이 공사가 성취된 날에는 그리스와 로마 시민이 일찍이 소유하지 못했던 대성당이 될 것이다"라 선언하며 빛의 유혹을 건축으로 구현한다. 미켈란젤로는 '모든 예술은 모방에 불과하다'고 했던 플라톤의 말을 뒤집는 듯 지상에서는 보이지 않는 이데아의 미를 성 베드로 대성당에서 이루어내려는 의지로 신적 미에 다다른다.

1505년 교황 율리우스^{Julius}에 의해 성 베드로의 무덤 위에 세운 서방 세계의 교회를 건축하는 역사의 위업을 위임 받은 이는 현상 설계에 당선된 건축가 브라만테^{Bramante}였다. 그는 콘스탄티누스에 의해 320년 건설된 고대 바실리카^{Basilica} 양식의 성전을 전혀 다른 모습과 규모로 개축해야 했다. 신교도들의 종교 개혁과 가톨릭의 세속화는 가톨릭의 위기를 불러들였으나 오히려 교회는 크기와 화려함에 있어서는 지상 최대의 대규모 건설 사업으로 정통의 종교적 권위를

〈아테네 학당〉 벽화
플라톤 등 그리스 고대 철학자들의 벽화.

시스티나 성당 내부
미켈란젤로가 천장에 화필을 들어 생명을 불어넣은
〈천지창조〉와 〈최후의 심판〉.

재천명하는 방식을 개진하였다.

　　가톨릭 교회는 1420년 르네상스의 위대한 건축가 브루넬레스키에 의해
설계된 기하학적 형식의 단순한 벽과 높이 91미터의 거대한 돔으로 르네상스를
대표하는 성당이자 피렌체의 상징으로 불리는 산타마리아 델 피오레 대성당
건축을 통해 강한 자신감을 얻었다. 이를 통해 174년 동안 서른 명의 교황에게
성당 건축의 과업을 이어받게 하며 로마의 새 성 베드로 대성당을 건축한다.

베르니니의 중앙 제단
미켈란젤로의 우주적 상징인 돔 천장 아래 생명의
근원처럼 빛나는 황금의 제단으로 지상의 중심인
천상의 돔은 흐르는 듯 유기적 구조로 느껴진다.

산타마리아 델 피오레 대성당 외관과 내부 돔
성 베드로 대성당의 절제된 돔과 달리 회화들로
가득 찬 산타마리아 델 피오레 대성당의 돔은
피렌체의 상징이자 베드로 대성당의 모델이 되었다.

빛의 투영으로 창조된
빛의 중심

율리우스 2세는 이미 20대에 〈피에타〉와 〈다비드〉 등의 조각으로 명성을
높인 천재 미켈란젤로에게 베드로 성당 내에 자신의 묘소를 지으라는
명령을 내린다. 이미 성당의 건축가로 임명된 브라만테는 그의 등장에 위협을
느꼈는지 교황이 묘소 계획을 포기하도록 종용하며, 대신 시스티나 성당의
천장화를 미켈란젤로에게 그리게 한다. 미켈란젤로는 오로지 조수 한 명과
함께 높고 거대한 천장에 화필을 들어 생명을 불어넣은 〈천지창조〉와 〈최후의
심판〉을 통해 세상 사람들을 놀라게 하며 자신의 명성을 더욱 높인다. 그러나
성당 건축가들은 그의 재능과 교황의 전적인 신뢰와 총애에 질투와 반감,
더러는 증오로 대성당 건축에서 그를 배제시키기 위한 음해를 서슴지 않았다.
수십 년이 흐르고 교황 파울루스 3세 때 드디어 신은 미켈란젤로에게
성 베드로 대성당 건축을 허락한다. 미켈란젤로는 브라만테가 제작한
창과 창 사이의 네 개의 열주를 보정하고, 여덟 동의 예배당을 세 동으로
줄이는 대성당 건축 작업에 그의 생애 마지막을 바친다. 그를 중상하여
공사에서 손을 떼게 하려는 끊임없는 말들은 그의 삶을 어지럽혔지만
미켈란젤로는 자신이 이곳을 떠난다면 대성당의 공사를 망칠 것을 우려해
마음을 굳게 먹는다. "슬픔과 고통이 사람을 죽일 것이라면 나는 이미 이
세상을 오래 전에 하직했을 것입니다"라는 그의 소네트 중의 한 구절은 그의
삶이 건축과 예술 외적인 일로 얼마나 힘겨웠는지를 짐작케 하며, 신앙과
예술의 무한한 순수를 향한 그의 삶의 태도를 느낄 수 있게 한다. 르네상스를
후원한 메디치가의 미란돌라는 그의 저서 『인간의 존엄에 관하여』를 통해
인간의 본질과 위대함은 무한하게 변형될 수 있는 그 창조적 능력에 있다고
보았다. 이제 중요한 것은 영원한 본질이 아니라 신의 본성이었던 무한성과
창조적 능력으로 인간이 추구하는 노력의 목표가 되었다. 순수한 것이 되려면
무한한 창조의 힘을 가진 것이어야 했다.
'인류가 만든 미술적 표현의 기적'이라 불리는 돔의 곡선은 미켈란젤로에
의해 성 베드로 대성당에 빚어진다. 천상을 향하는 듯 지상으로 내려오는

듯하여 하늘과 땅의 중심에 있는 것 같은 122미터의 돔 아래 브라만테의
평면을 수정한 미켈란젤로의 평면이 자리한다. 중앙 집중형 구조의 돔과 그에
부수되는 작은 돔들과 또 그것들 주변의 반구형의 돔들의 평면으로 이루어진
브라만테의 평면은 그리스형 '十'자 구도를 지닌 신의 임재가 초점이 되는 중심
집중형 구도였다. 하지만 미켈란젤로는 중심의 힘을 가지나 동시에 중심의 힘이
분산되는 마치 플라톤의 신의 빛이 유출되는 듯한 개방된 구조로 개조한다.

미켈란젤로에게 미는 중심을 향한 균형의 비례가 아니라 역설의 긴장과
해방의 감정을 동시에 가진 수학적 규칙 너머에 존재하는 것이었다. 건축적
구도를 통합하는 강력한 초점의 그리스 십자가 구도는 미켈란젤로에 의해
와해되며, 다소 이교도적으로 흐르는 단절을 산출해낸다. 그러나 동시에
수렴된 단위의 만남은 유기적인 구조로 강화되어 완벽한 구(球)에 대한 중세의
이상을 넘어선다.

훗날 베르니니(Bernini)가 만든 중앙 제단 위로 둥글게 모여드는 황금빛은
미켈란젤로가 만든 우주적 상징의 돔 천장 아래에서 마치 생명의 근원처럼
빛나고 있다. 원의 완전성이라는 특성 아래 신의 광명성은 중심 주변에서
조직화되며, 겹겹의 우주를 이루는 1,000개의 벽들은 황금 너울이 흔들리듯
사각형의 제단을 범위를 벗어나 강력하게 빛나고 있다. 그 중심인 미켈란젤로의
돔과 베르니니의 제단 아래에 최초의 교황으로 추대된 베드로가 모든
아름다움과 장엄함의 군주로서, 그가 순교한 자리 위에 우주의 중심이 된
인간으로 누워 있다.

빛은 '자이언트 오더(Giant order)' 형식에 따른 공간과 결합한다. 성 베드로 대성당은
로마 제국의 거대함으로 발화된 건물의 크기에도 불구하고 '천상의 광경'이라는
환영을 지지하는 로마적 매스와 부피와 공간을 같이 이루어내는 미켈란젤로
조각의 양감과 신비함으로 동시에 가득 차 있다. 건축 역시 거대한 돔과 내부의
크기는 엄청나고 무한한 양감을 불러일으키면서도, 열려진 공간 구조와
장식적인 시선의 분산으로 부피 자체가 중압감으로 느껴지지 않게 한다.
하늘의 권위에 부과되는 지상의 중심이자 상징으로 당당히 지상에 자리한다.

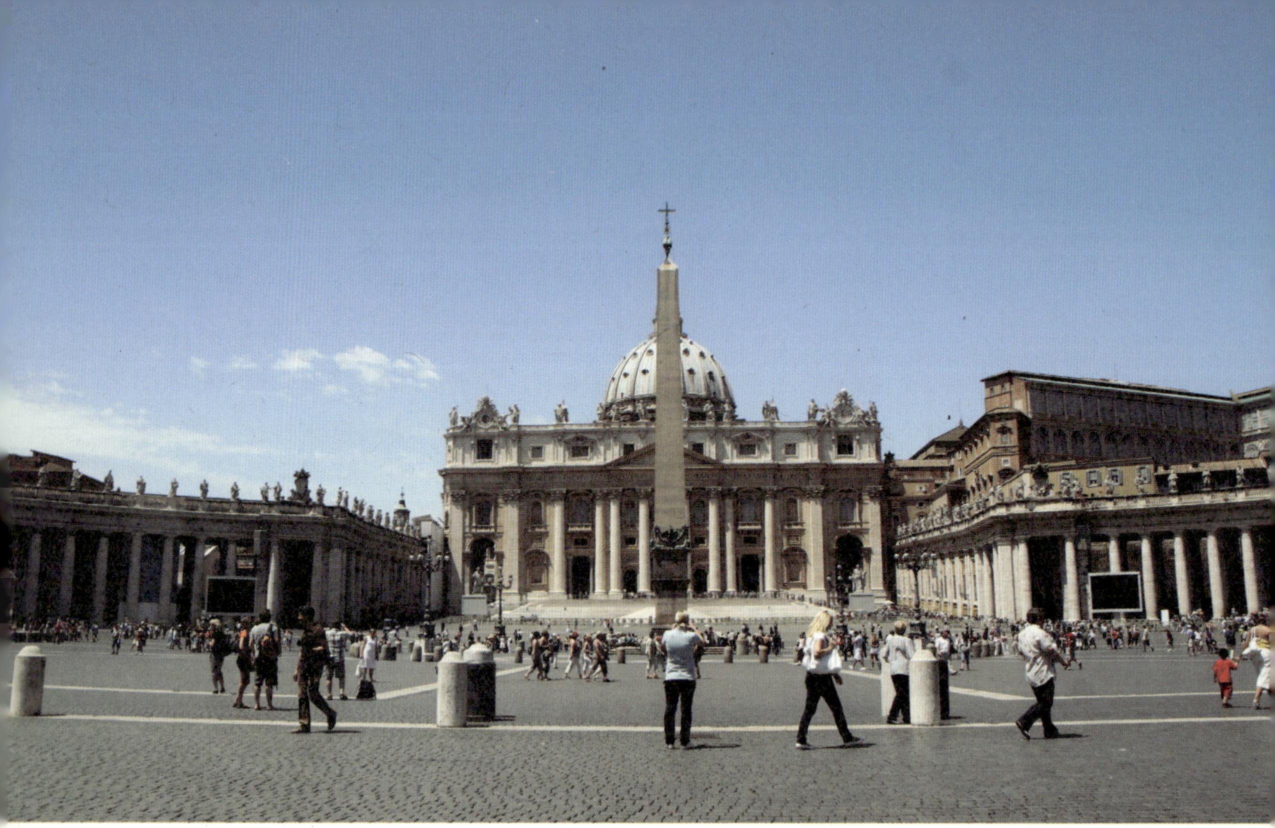

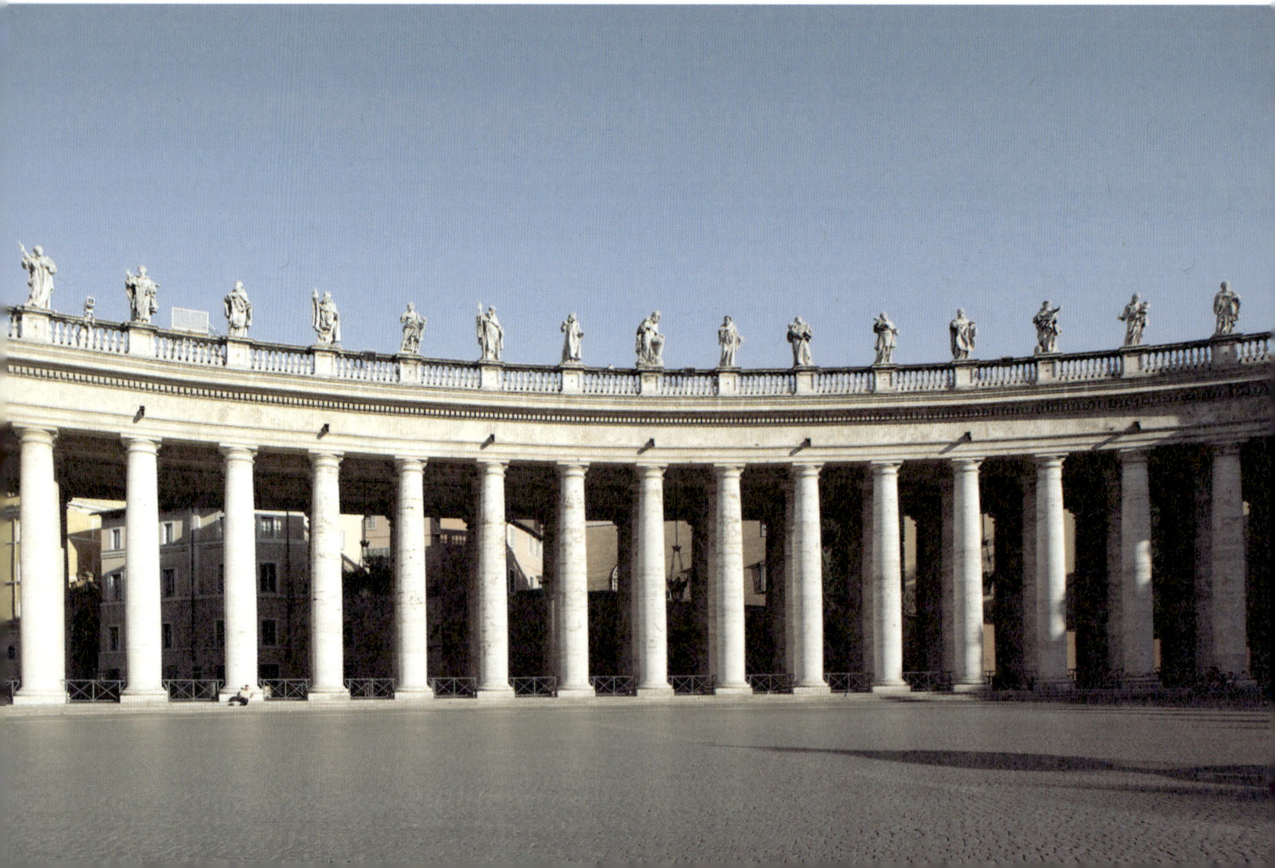

건물의 확장으로 이룬
천상의 안내

장식적이고 형태적인 복잡함 속에서도 체계적 구조와 대칭적 질서를 가지는
대성당의 전체 배치는 광장으로 확대되면서 질서를 넘어서는 영광스러운
세계로 참여한다.

　　　　브라만테와 미켈란젤로의 디자인은 17세기 중반 베르니니에
의한 바로크적 변형을 통해 건물이 주위 환경에서 고립되지 않는,
역동적이면서도 복합적인 디자인으로 확장되었다. 대성당의 건축 주임이었던
마데르나는 미켈란젤로의 평면을 광장 쪽에 세 개의 통로를 가진 건물을
^{Maderna}
덧붙여 확장시키고, 베르니니는 매우 감동적인 계시를 받은 듯 성당 정면의
광장에 둥근 열주로 둘러싼 회랑을 설계한다. 네 열의 투스카니식 기둥들로
이루어진 거대한 타원형의 열주 회랑은 간격을 벌리면서도 자연스럽게
원근법을 전도시키며, 성 베드로 대성당의 전면으로 이어져 대성당의 정면이
다가오며 솟아오르는 듯 강조된다. 동시에 바로크적 낭만성이 엿보이는 엄격한
형태의 고전적 신전 정면과 부드럽게 어울리는 지상에서 움직이는 율동감을
만들어낸다. 수평과 수직의 로마의 기하학과는 다른 3차원의 투시적 기하학의
발달에 힘입어 1666년 지금의 성 베드로 대성당으로 완성된다.

　　　　이 신의 도시가 이루어지는 성당 외부 중심 광장에는 오벨리스크가
성당의 돔과 함께 두 개의 중심을 이룬다. 생멸 같은 열주로 둘러싸인
성스러운 공지에는 이교도의 오벨리스크가 세워져 있다. 이제 가상인 진리가
　　　　空地
주체라는 듯 가상의 상징으로 세워진 오벨리스크는 건축적인 배치를 주위의
더 넓은 환경과 연결시켜, 이곳에서 모든 기독교 세계를 광대한 우주의 지표로
형성한다.

광장에서 보는 외관 정면과 열주 회랑
성당은 다가오는 듯 솟아오르고 둥근 열주의
광장으로 연결된다. 광장 위로 쏟아지는 하늘의
빛은 창조의 첫날이 되살아오는 듯 인간을 비춘다.

산마르코 광장의 열주 회랑
열주 회랑의 타원형 광장은 안으로 향하나 중심에서
밖으로 벗어나는 듯한 형상으로 무한하고 구속되지
않는 자유의 힘을 발산한다.

　　1593년 로마로 끌려와 1600년 화형 당한 죠르다노 브루노는 우주는
단일한 중심을 가진 천체가 아니라 중심이 아무데나 있고 그 한계는 아무데도
없는 무한 세계를 말하며 '질료 자체가 운동의 원리이며, 모든 천체들은
스스로의 무게에 의해 균형을 유지하고 하늘과 공간이라는 무한한 힘의 장
안에서 자유롭게 떠다닌다'는 우주론을 피력한다. "우주가 형상이요, 영혼이고
질료이며 하나 안에 있는 모든 것이라"는 말을 통해 생성되고 형태를 가지는
모든 형상들은 쓸모없는 것이 된다고 말한다. 마치 브루노의 중심 없는 무한
세계와는 대척점에 있다는 듯 열주 회랑의 타원형 광장은 하나의 중심을
가지고 있으나 중심을 향하기보다는 중심에서 밖으로 벗어나는 듯한 형식으로
형상을 놓아버린다. 열주 회랑의 각각 무게들로 균형을 유지하며 무한한
운동의 힘으로 한계를 갖지 않음으로 신도들과 순례자들은 그들을 품는
타원형 광장에서 구속되지 않는 자유를 느낀다. 부드럽게 감싸지만 모든 것이
그 사이로 자유롭게 드나들 수 있는 회랑은 아무것도 붙잡지 않는다. 신선한
바람이 숨결처럼 지나가는 이곳에는 형상도, 소리도, 보이지도 들리지도 않는
경관의 상징적 이미지가 펼쳐진다.

　　한 개의 무화과 열매에 의하여 낙원에서 추방된 이래 어둠과 광명의
깊숙한 바닥에서 근원의 빛을 찾아 헤매던 르네상스 예술가들이 도달한
곳은 생명력 넘치는 지상의 낙원, 곧 인간의 마음이었다. 혈관 속으로 피가
흐르고, 근육이 수축하는 듯한 미켈란젤로의 조각과 회화들은 신의 손끝에서
탄생을 부여받은 아담이 그러하듯 생생한 인간으로 존재한다. 여인을 꿈꾸듯
관능적으로 묘사된 천사상과 여러 조각들은 성 베드로 대성당 안에서 인간의
형태를 통해 인간임을 향유하고 있다.

　　베르니니의 광장에서 현재를 향유하는 존재는 지상의 하루를
평화롭고도 한가로이 흘려보내고 있다. 그 광장 위로 쏟아지는 하늘의 빛은
창조의 첫날이 되살아오는 듯 인간을 비추고 있다. 무심한 듯 그것을 즐기는
인간은 자유로움이라는 은총으로 존재한다.

　　△

쾰른
대성당

쾰른 대성당의 정면

1880년 세계에서 가장 높았던 건축으로 632년의
시간으로 지어진 건축이다.

쾰른 대성당 전경
성당의 백미는 압도적 크기로 하늘을 향해 치솟은
두 개의 타워이다. 이 탑들은 쾰른 대성당의 일부가
아닌 두 개의 타워로만 보이게 한다.

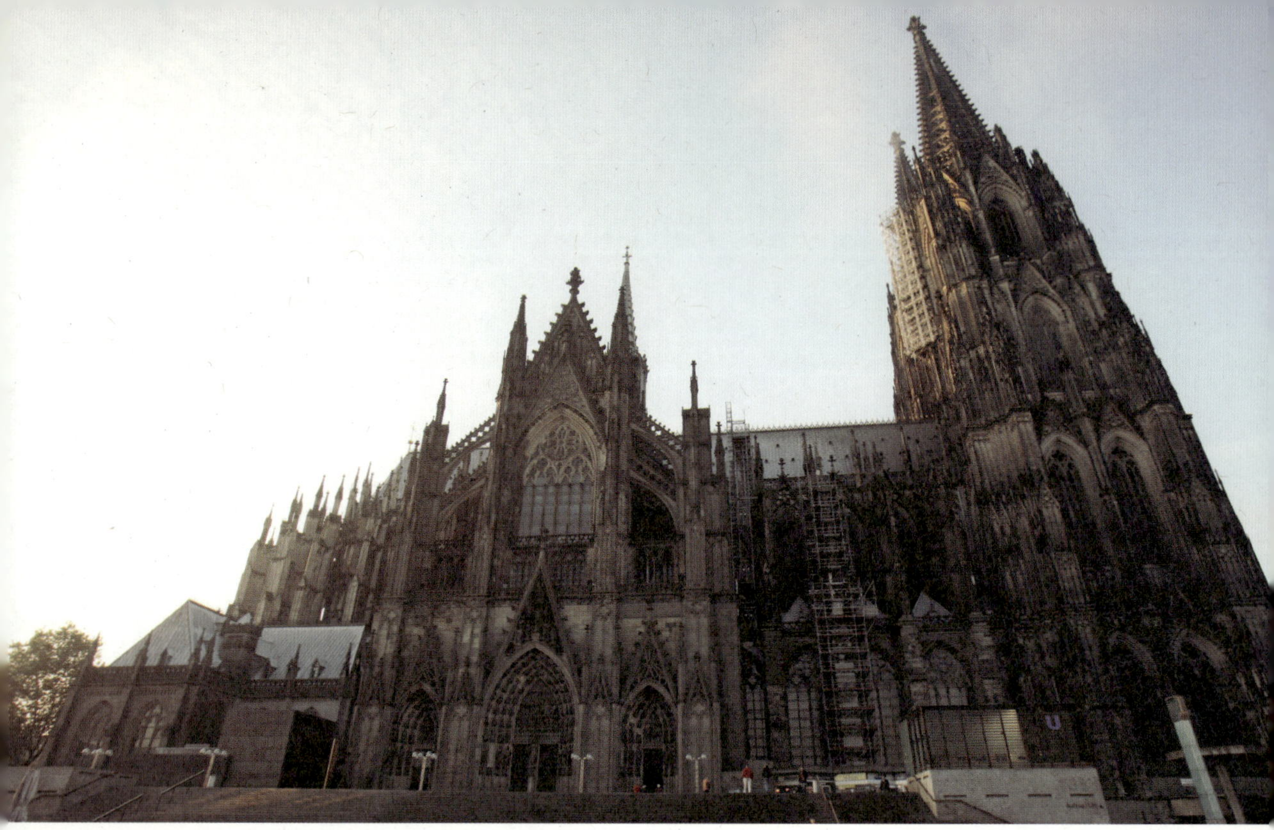

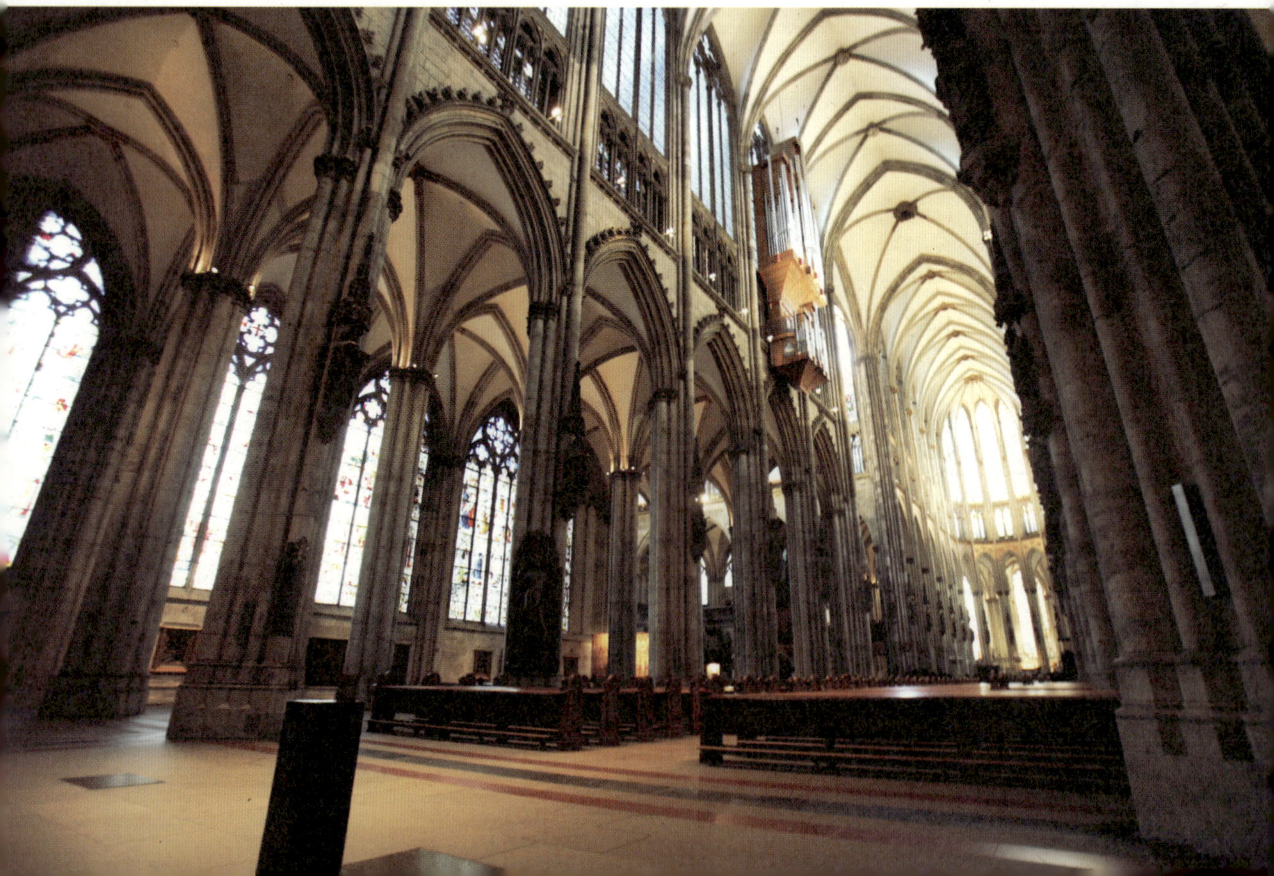

12-14세기 유럽은 신의 은총 속에 축복의 시기를 맞이한다. 전쟁과 전염병의 기억은 사라지고, 따뜻한 기후와 농·상업의 발달은 재력과 자치권을 가진 도시의 발달로 이어졌다. 신에 대한 구체적 봉헌과 감사를 기꺼이 원했던 도시민들에게 엄청난 재력이 요구되는 대규모의 성당 건축은 번창한 도시의 상징이자, 시민 전체의 자긍심으로 여겨졌다.

하늘과 소통하는, 하늘일 수 없는 곳

파리에서 시작된 고딕 열풍이 라인 강변의 언덕에 위치한 13세기의 쾰른에 다다랐을 때 민중 신앙은 성인의 유해 공경이나 성지순례 등 적극적 형태로 나타났다. 또한 성당에서 사회적 행사와 개인을 위한 미사가 활발해지는 등 종교 생활은 더욱 다양하고 복잡해지면서 기존의 로마네스크 양식은 새로운 도회적 삶의 열망을 담기에 적합하지 않았다. 이때 로마의 정서가 가득한 쾰른에 그들의 요구에 맞는 크고 높은 대형 공간과 감동할 만한 욕구를 충실히 반영한 강렬한 건축물이 출현한다. 하늘 높이 치솟아 신에게 도달할 것만 같은 Cologne Cathedral 쾰른 대성당이다.

애초 로마인들에 의해 건설된 이 작은 도시는 4세기경 로마 본국이 기독교화 됨에 따라 속국에도 주교가 부임함으로 기독교 문명권에 편입된다. 이때 세워진 정사각형 건물이 쾰른 대성당의 시발이었다. 1164년, 바이에른의 Friedrich I Rainald 황제 프리드리히 1세와 라이날트 대주교는 밀라노에 있던 동방박사 3인의 유골을 지역 교회의 일부였던 쾰른으로 가져오는 데 성공한다. 신앙의 열정으로 가득찼던 수많은 이방인들은 이 성물을 보기 위해 순례의 길을 택했고, 쾰른은 알프스 북부 지방에서 가장 유명한 순례지로 도약한다. 도시

측면에서 본 외관
632년이라는 시간 속에 지어진 성당은 인간의 환희와 좌절 그리고 망각을 드러내는 역사 자체가 투영된 건축이다.

내부 공간
부유하는 듯한 공간이 산출해내는 수직감은 자신과 주변 모든 것을 함께 품어 위로 올리고, 천상에 도달한 내부가 되게 한다.

전체는 활기를 띠고 어느 때보다 신앙심은 고취된다. 성물을 획득하게 된
성당은 성지로서의 권위와 종교적 위상을 드러낼 재탄생의 준비가 되어 있었다.

마침 프랑스 고딕에 고양된 대주교는 1248년 프랑스 아미엥 대성당의
평면을 모델로 기독교사에서 가장 크고 웅장하며 화려한 독일 최초의 고딕
성당을 짓기로 결심하고, 건축가 게르하르트가 성당 개축에 착수한다. 성당의
주된 보물이자 중세 최고의 금속 공예품인 동방박사 3인의 관은 성당의
재건축과 함께 완성되었다. 이 성궤 유물은 1185년 니콜라우스에 의해
만들어지기 시작하여 1225년에야 비로소 완성되었을 만큼 오랜 시간 공을 들인
유물이다.

우주와의 소통에 능하다는 동방박사들의 유물은 신의 탄생이라는
그리스도교적 권위에 신비주의적 성격을 더하였다. 약 100년의 정성과
보석으로 완성된 동방박사의 관은 즉위식을 마친 독일 왕들을 가장 먼저 쾰른
대성당으로 방문하게 하였다. '동방박사의 종'으로 불리는 3.8톤의 거대한 종이
울리는 소리는 도시 전체를 성서로운 기운으로 품는다.

그 자체가 역사가 된
600년의 건축

성당 건축에 대한 사람들의 강렬한 의욕에도 불구하고 성당 건설은 그 규모
면에서 중세의 능력을 넘어선 것이었다. 수백 년에 걸친 자금 조달과 시민들의
열정적 관심 속에서나 가능했을 건축은 시간이 지나면서 자금줄이었던
상인과 수공업자들의 무관심으로 1560년 공사가 중단된다. 이후 300여
년이나 방치되며 영원한 미완성으로 남을 것 같았던 성당은 19세기 초반에
이르러 중세에 대한 향수와 함께 사람들의 가슴속을 다시 두드렸다. 민족의
역사와 과거에 대한 관심이 강했던 낭만주의 경향은 중세 고딕 건축의 부활을
가져온다. 첨탑과 첨두아치는 그들의 그리움을 달래며 도도하게 부활하여
신앙심과 함께 솟아올랐다. 마침내 잃어버린 줄 알았던 대성당 서쪽 건물의
설계도가 발견된다.

1826년 프리드리히 빌헬름 4세가 왕위에 오르며 1320년 당시의 설계대로
공사가 재개되고, 자금 마련을 위해 대성당 복권을 발행하는 등 독일인들의
내셔널리즘을 자극하는 분위기가 조성된다. 마침내 북쪽 탑의 마지막 돌이
놓여지고, 1880년 10월 15일 157미터의 높이로 당시 세계에서 가장 높은
건물이라는 명성과 함께 대성당은 축성식을 거행한다. 632년이라는 시간
속에는 묵시적으로 인간의 열망과 환희, 좌절 그리고 망각을 상징하는 역사
자체가 투영되어 있다.

로마의 터전 위에 세워진 서양 기독교의 시발과 함께 그들 역사 속에서
생장한 건축의 더딘 탄생 과정은 역사 전반에 걸친 장구한 세월을 이야기한다.
한 시대의 인간이 완성시킨 것이 아닌 여러 세대가 건축을 이루어나가 인간사와
함께 구축되는 그 자체로 역사가 되었다. 공사가 중단되어 생긴 시차에도
불구하고 쾰른 대성당은 조화로운 간격을 두고 뒤섞이며, 시간을 뛰어 넘은
질서의 형태와 크기로 존재한다.

스테인드글라스 창
숭고의 무거움은 사라진 낭만주의적
스테인드글라스는 미로 호소하며 신을 향한 열정을
찬미한다.

무한으로 사라지는
타워

성당의 백미는 건축의 세월만큼이나 압도적 크기로 하늘을 향해 치솟은
두 개의 타워다. 정면에서 바라보면 그 끝이 어디쯤인지 알 수 없을 듯한 시각적
마비 상태를 경험하게 된다. 이는 표현에 대한 강한 열정과 욕구를 느끼게
하면서도 한편으로 이 모두를 포기하게 한다. 마치 내 존재가
아무런 의미도 없을 만큼 작아 신의 눈에 보이지 않을 것처럼 왜소해지는
느낌과 함께 다른 어떠한 자연의 대상물이 줄 수 있는 흥분보다 더 많은
감동을 받는다.

커다란 두 개의 탑이 정면 대부분을 차지하는 프로포션은 본체는
침전시키고, 이 탑들이 퀼른 대성당의 일부가 아닌 두 개의 타워로만 보이게
한다. 전면이나 측면, 혹은 배면에서 두 개의 탑은 하나로도 보이며 크기와
높이는 배가되기도 한다. 이로 인해 건물은 없고, 단 하나의 타워로 보일 만큼
탑의 존재는 뚜렷하게 각인된다. 탑두의 표면은 구멍이 뚫려 있는 투조형
첨탑 양식으로 높아질수록 가벼워 보이며 사라지는 효과를 극대화하며
마치 환각처럼 존재한다. 곡선적 형태로 치솟은 두 개의 탑은 시각적 힘에
의해 허공의 한 점에서 만나는 듯하여 탑 사이에 자리한 빈 공간으로 형태를
확장한다. 하나로 합쳐진 허공의 탑은 하늘로 향하며 빈 공간을 잠재적
형식으로 포착하며 첨탑의 돌기 조각과 함께 형태를 팽창시킨다.

마치 현대 건축이 순간적으로 존재하면서 소멸하는 형식을 추구하는
것과도 비슷하다. 형태가 만든 형식 너머의 형태까지 인식되게 하여 건물이
가진 실제 높이 이상으로 끝없이 사라지는 타워를 만들고 있다. 혹자는 두 탑이
전체 건물에 비해 너무 크게 자리하여 균형감을 깨는 불안정한 구조라고도
평가한다. 그러나 고증이나 완벽함 등 정확성을 거부하는 낭만주의적
인식에서도 알 수 있듯 이 타워의 예술적 탁월함은 비례와 정확성이라는
시각만으로 측정되지는 않는다.

고딕의 높은 탑은 기독교적 열정의 순수한 미적 환상이기도 했지만
도시민들의 삶 속에서 중심적 위치를 가지며 신과 조우하려는 세속과 하늘의

통로였다. 때문에 도시 어디에서도 볼 수 있는 상징적 크기로 자리한다. 우뚝 솟은 탑은 손으로 만져질 듯하며, 짙고 어두운 돌의 그림자와도 같은 추상적 외피는 오랜 세월을 홀로 살아온 고목같이 신령하게 느껴진다. 상승의 구조 속에서도 오히려 숭고의 무거움은 사라지고 종교적 이데올로기를 넘어선 완전한 물체만으로 존재한다. 성당의 외벽은 신에게 모든 것을 바친 인물들의 조각으로 가득 차 있다. 찬미와 숭배의 이중적 구도로 자리한 종교적 자세는 그들의 위대함을 필요로 하는 우리들의 경배를 받는다. 순례자는 예술적 인식과 표현으로 재현한 도상 앞에서 머리 숙여 그들의 고난과 열정을 찬미하며 사모하고 있다.

　　　그리스도의 숭고한 몸인 성당의 벽체와 보석으로 찬란히 새겨넣은 관 속에서 신에게 헌신한 성인들이 안식을 취할 때 군중들은 순례의 고난과 영광의 발걸음을 기꺼이 바쳤다. 이는 신을 향한 열정을 찬미하였고, 그들 또한 도상으로 성인들의 행렬에 합류하였다. 때론 무표정하게 벽에 붙어 있는 듯 존엄한 사자는 무한히 침묵하는 수백 년의 시간 속에 고착되어 그들을 둘러싼 아치형의 도형과 함께 건물의 외양을 만들어내는 불변의 존재로 자리한다.

천상의 빛으로 인도하는
천국의 통로

종교적 도상들은 신과의 관계를 넘어 보는 이로 하여금 미적 경험을 이룩하게 하는 매개체로 예술적 우아함을 향유하게 만든다. 종교가 말하는 이념과 상관없이 아름다움의 힘으로 가득 차 있다. 미적 구성력은 곧 선이 되어 공간 속에서 아름답고 숭고하게 살고픈 마음을 일깨운다. 행복하고자 하는 인간 욕망의 총체 속에서 선하고자 하는 의도는 신과 더욱 가까이 있을 때 감지되는 고귀한 행위를 지향함으로써 인간을 완전하게 만든다. 좋은 미적 가치란 이러한 본질적인 특성을 시적 호소력과 같이 자체 내에 간직하고 있다. 종교와 미가 인간 생의 완전한 삶을 구성케 하는 하나의 근간이 된다고 말하기라도 하듯 퀼른 대성당은 종교적 이념과 미적 형식이 어우러진 합체로 서 있다.

반복되는 열주들과 함께 이전보다 길어지고, 43.5미터로 더욱 높아진 중랑의 내부 평면은 전례 의식을 보다 신비스럽고 거룩한 행위로 여기게 하였다. 외부의 탑을 바라볼 때 느낄 수 있었던 상승감과는 또 다른 천국으로 나아가는 듯한 상승감으로 인간을 고조시킨다. 외부에서의 작은 나를 밀어내는 듯한 것과 달리 스스로가 공간 속에 동시에 존재함으로 느껴지는 부유하는 듯한 공간이 산출해내는 수직감은 자신과 주변의 모든 것을 함께 품어 위로 올리고, 천상에 도달한 내부가 되게 한다.

두꺼운 벽을 스테인드글라스의 유리 칸막이로 대체하여 천상의 빛을 끌어옴으로써 이루어낸 종교적 분위기는 투명하고도 신성화된 내부에 새로운 빛을 전한다. 수직적 힘을 드러내는 선들이 그리 무겁지 않게 느껴지는 것은 그 무게감을 상쇄시킨 빛으로 인해 공간은 스스로 진리를 갖는 성스러운 내부로 거듭나기 때문이다. 끝없이 자기 자신을 응시한 인간의 지적 성찰은 구원의 이미지와 정의를 자기 안에서 찾을 수밖에 없듯이 공간 스스로가 진리를 품고 탄생한 듯한 이 성채 안에서의 영적화 된 종교적 분위기는 자신의 실재성을 진지하게 묻는 성찰을 요구한다.

지금과는 전혀 다른 종교적 관행과 사회를 배경으로 탄생하고, 역시 다른 시대를 거쳐 다른 사람에 의해 증축되는 과정 속에서 쾰른 대성당은 세계를 구성하는 다른 방식으로 이 시대의 언어와 지평에서 이해되고 있는지도 모른다. 그러나 중단되었던 시간 속에서도 무상한 것은 아무것도 없었다. 영원을 향한 구원의 여정은 건축적 시간과 함께 존속되고 있다. 마치 지속적으로 성장한 듯한 600여 년의 더딘 여정은 그 시간들보다 더욱 강한 어조로 구원의 열정을 말하고 있다.

△

정면의 외관
천상의 먼 곳에서 하나로 합쳐지는 듯한 외관은
비례와 정확성을 넘어 미적 환상으로 존재한다.

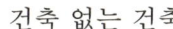

종묘
정전

월대와 정전

유교의 천리를 현전으로 보는 듯 지극히 허하면서도
실하고, 무하면서도 유하여 첨가하거나 감손할
것이 없다. 천상은 지상으로 내려온 듯하고 지상은
천상으로 올라간 듯 대기로 흡수된다.

종묘의 정전
거대한 크기인 동서에 비어 있는 월대밖에 없는
존재는 공간이 아닌 무한한 시간 속에서 관계 맺고
확장하며 하늘만을 내부로 유입한다.

天
천에 대한 인식은 서양에는 없는 동양철학만의 독특한 인식이었고, 동양철학의
사유를 형성하여 온 각 시대의 과제였다. 주나라 이래 우주 삼라만상의 森羅萬象
창조주이자 주재자로 역할 하던 천은 오랜 기간 계속하여 제사를 통해
숭배되었다. 인간 의식이 점차 합리성을 띄는 진보의 과정에서도 하늘의
절대성과 종교적 속성의 의미는 여전히 중요했기에 고대 동양에서 하늘의
의미는 우주 최고의 원리로서의 하늘인 의리지천과 황천상제로서 인격적 義理之天 皇天上帝
하늘로 이해되었다. 하늘은 인간의 감정과 소망이 개입된 일종의 인격적 요소로
운행하고 있었으나 점차 인본주의적으로 점화된 인간의 개명 의식과 함께
고대적 성격을 탈피하고, 서서히 자연현상에 불과한 것으로 인식되기 시작했다.
그럼에도 이 자연천은 근대 과학에서 말하는 자연천은 아니다. 종교성은 自然天
어느 정도 탈피했다 하더라도 어디까지나 인본적인 하늘로 재탄생하게 된
형이상학적 하늘이었다.

　　　지상의 끝 그리고 천상의 경계선에 위치한 종묘 정전으로 가는 길은
거친 판석으로 마감된 직선뿐이다. 주변으로는 숲과 담장만이 보일 뿐 그 끝은
아무것도 보이는 것이 없다. 평판 같은 긴 직선은 권위를 가진 듯하면서도
시선은 목적물이 없기에 자유롭고, 건축은 측면으로 물러나 있어 배례객을
감싸는 듯 경건하게 유도한다. 조선이 학문과 예술적인 수양을 통해 함양된
인품을 바탕으로 한 자율적 덕치를 추구하였기 때문일까? 가장 권위적이어야
할 역대 왕의 신위를 모신 종묘는 한 번에 전체를 드러내며 위압적 권위를
강요하지 않는다. 자유롭게 느끼고 보이는 대로 보고, 들리는 대로 들으면 된다.
판단과 심상이 배제되어 원초적으로 경험 대상과 진리에 접근하여 있는 그대로
심원한 것이 되려 하였기 때문이다.

종묘 입구 직선의 길
거친 판석으로 마감된 평판 같은 긴 길은 권위를
가진 듯하면서도 아무것 없이 경건하게 배례객을
인도한다.

본질이 없는
공간

유교는 신이 없는 종교이다. 신의 영역을 인문적 가치가 부여된 하늘로
대체하였다. 신을 위해 인간이 존재하고, 뜻을 실현하는 것이 아니라 인간이
지향해야 할 도덕적 하늘을 설정하여 예악의 형식을 통해 인간을 바로 잡는
교화적 기능으로 수행하였다. 불교가 신을 긍정적으로 받아들여 초월(超越)까지
품은 현실로 인간과 신이 동일시되는 데 비해 유교는 인간이 만든 신에 인간이
억압받는 구조를 탈피하려 하였다.

　　유교는 현실에서 신이 된 인간 즉, '성인(聖人)'이라는 아름답고 지적인 가상을
부여하는 것으로 선을 지향했다. 하늘의 경지라는 것 역시 일종의 가상으로
자연의 순리로 몸과 정신을 자유롭게 고양시켜 자아와 대상이 만물과 동조하고
우주와 공명하려는 도야된 행위의 수준이다. 그래서 인격도야의 목표를
인간의 내재적 심성과 우주적 신성이 일치한 인간으로 삼고 신이 된 인간을
조상신으로 섬길 수 있었다. 아무리 작은 집이라도 위폐를 모시는 공간을
두었다.

　　종묘에서 지내는 제례 역시 신을 섬기기보다 현세의 교화적 기능을
수행하기 위한 방편이다. 신하와 자식들의 사표(師表)가 되려고 한 왕과 한 가정의
아버지는 조상신으로서 기억되고, 제례를 통해 현세의 인간과 서로 교화할
수 있었다. 죽어서도 기억되는 그 자신을 위해서 최선을 다해야 했고, 현세의
인간을 위한 교화에도 참여했다. 따라서 유교에서는 고금의 역사가 무엇보다
중요한 연결을 가진다. 종묘 정전에 모셔지는 왕의 신주는 왕이라고 전부
모시는 것이 아니었다. 사후 손자세대의 왕이 그 공과를 따져 신하들과 함께
결정하게 함으로써 스스로의 처신을 살피게 하였다.

　　종묘는 조선의 역대 제왕들과 왕비들의 신주를 모시고, 제례를 봉행하기
위해 1394년 12월 착공하여 이듬해 9월에 완공하였다. 처음에는 태실 일곱 칸,
좌우 두 칸과 방이 딸렸으나 1546년 명종 때 4실을 증축하였고, 1592년 선조
때 불타버려 광해군 즉위년인 1608년에 다시 고쳐졌다. 그 후 1762년 영조와
1836년 헌종 때 각 4실을 증수하여 현재 태실 19실에 49위가 모셔져 있다.

종묘는 일반적인 건축 방법을 무시하고 있다. 점차 모시는 신위가 많아지면서 계속 확장되어 만들어진 것에도 그 이유가 있겠지만, 현재의 형식은 단계적 증축 과정과 완결성이 동시에 이루어지기 때문이다. 공간을 가지지 않는 일종의 위폐의 보관 장소는 공간이라는 건축적 본질이 없는 공간 그 자체가 되어 전체와 합일한다. 이러한 이어짐은 아무런 구획이 없는 빈 평대로 어디에도 속해 있지 않은 듯 허허로운 공간으로 이룩한 건축 없는 건축이 되어버린다.

최고의
형식

과거 유학자들에게 최고의 형식이란 마치 우주가 그러하듯 자율적 실체와 상상 속의 가상이 혼재되어 있는 상태였다. 거대한 허공인 태극이 기의 본체이고, 모이면 양이 되고 흩어지면 음이 되는 것으로 모든 실체는 근본적인 원리 속에 있는 기의 표출일 뿐이다. 그러므로 미^{美}란 어떤 특별한 형태가 아니라 기교의 경지를 벗어나 우주의 원리와 구별 없는 동시적 면모를 갖추면 저절로 아름다워지는 것이라고 생각하였다. 예술이란 경지를 벗어나 신의 경지를 이룬 자유를 획득한 것으로 일상적이고도 평범한 것과 지극한 것이 하나가 되어 현실적 환상으로 실재하는 세계를 이룬 경우이다. 종묘는 사각과 직선의 기하학적 형식을 가지나 스스로의 한계에 갇혀 있지 않고, 외부로 무한히 확장되어 미적 자율성을 획득한다. 무기교의 기교로 이룬 감각과 지각이 멈추어진 채 정신이 행하고자 하는 대로 따를 뿐인 것 같은 무한한 자유와 환상을 가지는 인문 세계이다.

하늘의 성향은 군자의 인성이다. 마음속에 뿌리를 두고 있는 군자의 인성인 인의예지는 천에 이르는 이른바 지천명^{知天命}의 통로이다. 유교적 자기실현의 방법은 인간은 하늘의 본성을 지니고 태어나지만 그 본성의 회복과 배양을 통해 자기완성을 이루어야 하는 수양을 필연적으로 필요로 하는 존재이다. 이는 금수와는 구별되는 인간의 능력이었다. 신이 된 조상 앞에 비추어 부단한

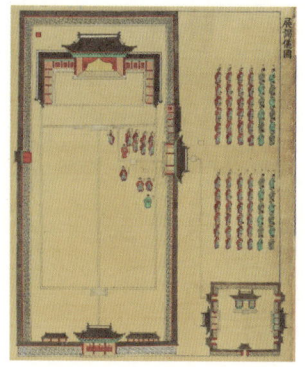

종묘의 초기 원형도
초기에는 일곱 개의 태실로 시작하였으나 현재는
19실을 가진 수평의 긴 건축이 되었다.

건물 전면의 회랑
열아홉 칸의 연속적 일체로 이루어내는 단순한
반복의 구획은 규칙적인 균일함 속에서 자신을
끊임없이 확장한다.

자각과 노력을 요한다는 것은 인간이 그만큼 선으로부터 떨어져 있다고 생각한 것을 의미하기도 한다. 인간의 노력과 인위적 행동이 절대적으로 중요한 성선(聖善)의 자발적인 측면이다.

성인의 숭고한 고귀함을 만들어낼 수 있는 도덕적 근거는 하늘이지만 그 발현은 어디까지나 외부적 요인이 아닌 스스로에게 기대는 자기 자신이다. 자발적이며 창조적인 도덕 행위는 유가의 학문이 자득지학(自得之學)으로 이루어진 것을 보아도 알 수 있다. 도를 추구하는 노력이 전적으로 자기 자신에 기반 한다는 것은 인간 스스로의 자율의 근거를 이룬다. '군자는 밖으로부터는 아무것도 오지 않고 아무것에도 기댈 필요가 없다'고 생각하였다.

천지만을 유입한 건축

역대 왕의 신위를 모시는 정전의 건축은 당연히 성인의 품성과 학문으로 신하들의 사표가 되려고 한 군왕의 지극함과 숭고함을 드러내야 했다. 월대 위 거대한 직선의 검은 지붕은 처마 밑 짙은 그림자로 인해 벽이 없어 보여서 마치 허공에 그은 일획 같다. 건물은 투명하여 없는 것처럼 존재한다. 열아홉 개의 연속적 칸으로 구획된 단순한 일획의 건축은 벽과 평면이 아무것도 없는 전체로 하나가 되며, 그 전체는 그림자처럼 존재하는 가상으로 느껴진다. 이는 질서와 비례적 체계가 아닌 저절로 얻은 듯한 완벽한 단순함의 미를 고조시킨다.

종묘 정전의 내부와 외부는 끊임없이 관계하고 확장하고 축소하며 사라진다. 경계가 없거나 모호한 것이 아니다. 3단의 뚜렷한 경계가 있는 동시에 없으며, 모호한 동시에 분명하다. 지상에 있는 듯 허공에 떠 있다. 거대한 크기인 동시에 비어 있는 월대 밖에 없는 존재는 유와 무의 경계를 다 가지며 물성에 대해 더 많은 상상을 하게 한다. 이들은 공간이 아닌 무한한 시간 속에서 관계 맺고, 변화하고 사라진다. 규칙적이고 균일함 속에서 끊임없이 확장하고, 비어 있는 서로에게 섞인다. 정전 주변에 사방으로 조성된 산은

이러한 효과를 극대화하기 위해 만든 인공적 산으로 조경이기보다는 건축적
장치이다. 숲으로 둘러싸인 인공 산으로 하여금 주변의 아무것도 보이지 않게
만들고 하늘만을 내부로 유입한다. 월대에 올라서서 위와 주변을 바라보면 마치
천상이 지상으로 내려온 듯 대지로 퍼지고, 지상은 천상으로 올라간 듯 대기로
흡수된다.

천(天)이라는 실제적이고 비경험적인 형이상학의 세계는 인간의 심성으로
말해지는 정신세계의 근원과 운행을 같이하여 시각화함으로 철학적 공간의
확장을 만들어내었다. 우주의 운행 방식에 인간의 성을 개입시켜 전체이자
하나의 통일된 원칙으로 작용하는 의미 방식을 제기한 것이다. 인간의 행위는
어디까지나 자각과 결정하는 주체가 되며 모든 원인과 결과가 자신에게
귀속됨에도 우주의 중심에서 이루어지는 일이 되는 셈이다.

천은 자신이 우주로 확충되는 거대한 시발점이다. 선(善)이 천과 하나가 되는
확충 방식은 인간이 인간에게로 향하는 출발과 귀결을 하늘과 하나가 되는
과정과 일치시켜 인위와 자연을 융합시킨 천연(天然)이 된다. 이는 인성이 선하다는
당위성을 논하는 방식으로 선의 궁극적 기원으로 천을 설정한 것이자,
인간에게 하늘의 인성을 부여한 동기가 되는 것이다.

물질로 지은
형이상학

하늘과 땅 사이에 가득한 경지로 고양된 개체를 이루어낸 천일합일의 상태는
하늘과 인간이 합일을 이룬다는 뜻은 아니다. "천인일리(天人一理)로 하늘과 인간이
하나의 원리적 존재로서 존재론적 회통의 상호 관계를 맺고 있음"을 말한다. 그
근본원리인 이에 대해 퇴계(退溪)는 "시공의 제한을 모르는 현존의 진리이고, 실재의
원리이므로 지극히 허(虛)하면서도 실하고, 지극히 무하면서도 유하고, 동(動)하면서도
동하지 않고, 정(靜)하면서도 정하지 않다. 정결하고 깨끗하여 조금이라도
첨가하거나 감손할 수 없다. 만물 사이에 근본이면서 만물 만사에 갇혀 있지
않다"고 말하였다. 이러한 천도에 인도가 서로 호응함으로 인간은 천지의

입구문으로 연결된 신도
신이 드나드는 검은 길이 월대의 위로 나 있고, 넓은
월대는 마치 구름의 바다처럼 끝으로 확장하면서
흩어지고 흔들린다.

종묘제례의 문무
자연의 소재로 만든 악기로 소리를 울리고 문무로
대변되는 춤은 동작을 만들기보다는 정지를 만드는
것이다.

월대와 일획의 건축
단순한 일획의 건축은 벽과 평면이 아무것도
없는 전체로 하나가 되며, 그 전체는 그림자처럼
존재한다.

338

화육을 돕고 조화에 참여하여 하늘을 드러내는 것이다.

일상의 삶을 통해 우주적 신성으로 연결되는 삶을 추구한 이들에게 건축 역시도 하늘의 이치를 현실에 구체화하고 보편화하기 위한 효율적 방법이 되어야 했고, 경계가 없는 현실과 신비가 결합된 하늘 같은 무한을 느낄 수 있어야 했다. 종묘는 마치 시간이 정지된 듯 초월해 있고, 공간이 없는 듯 느껴지는 건축으로 인해 시간과 공간 모두가 정지한 듯 무한한 공간과 움직임을 동시에 갖는다. 아무것도 없으나 무수의 형식으로 이룩된 우주적 원리의 공간을 표상한다.

정전의 출입문·기둥·공포 등 모든 건축적 세부 형식 역시 기교를 제외하여 오히려 기교를 넘어선다. 종묘 제례에 사용되는 춤과 제상의 음식을 살펴보아도 크게 다르지 않다. 제례 음식에 들어가는 재료에는 조금의 양념도 하지 않으며, 고기도 그냥 삶은 것을 올렸다. 신을 위한 음악과 춤에도 아무런 기교가 없다. 오행으로 대표되는 자연의 소재로 만든 악기로 의미 없는 소리들을 울리게 하고 문무로 대변되는 제례의 춤은 동작을 만들기보다는 정지를 만든다. 자연의 만물에서는 기교를 느낄 수 없듯 자연과 대등한 천연성을 획득한 방법이었다.

시각적으로 본다면 매우 지루한 형식이지만 신은 한정적인 것을 즐겨하지 않았다. 무위가 된 인위로서의 생명성을 획득한 것만이 신이 즐길만 했다. 월대의 바닥에 깔린 돌도 거친 막돌의 박석일 뿐이다. 자연 그대로를 약간의 변형만 가했을 뿐이다. 박석에는 천상으로 느끼게 하는 장식도 없다. 구름 같은 실재를 조각하다면 구름처럼 보일 뿐 구름 그 자체는 아니듯 구체적 형식에 의지하지 않으므로 천상의 소재로 쓰여 사실적이고 정교하다. 거친 돌의 조합으로 얻은 넓은 월대는 미물에 불과한 박석이나 구름의 바다를 느끼게 하며 자신을 넘어선다. 실제와 상상력으로 얻은 실재보다 더한 실재로 지상에 건축된 천상의 건축이 된다.

어느 위치에 있건 자신이 서 있는 곳을 중심으로 하여 주변의 돌들은 반듯하게 보이나 멀리 있는 박석일수록 그 움직임이 모호하여 마치 끝없이 움직이고 퍼지고 합쳐지는 듯하여 광활한 구름 위에 있는 것같이 장소에 따라 변화무쌍하게 설계되어 있으나 그 인위성을 느끼기 힘들다. 실제의 구름으로는 느낄 수 없는 돌 같고, 구름 같은 거대한 매스의 절대적 평대이나 공간을 넘어서고 개별이 균열되면서 하나로 합쳐지는 듯한 물질로 본성을 넘어선다.

마치 하늘과 땅이 하나가 되어 경계 없이 넘나들며 보이는 것과 보이지 않는 것, 들리는 것과 들리지 않는 것을 하나로 만들며 인식의 확장을 가져온 듯 자체의 형식 속에 함몰되지 않고 형식을 초탈한 일체와 조응한다. 성인의 후광과 같이 물질로 지어진 것임에도 현현하는 형이상학으로 완성과 미완, 시작과 끝 그 무엇에도 연연하지 않는다. 이토록 평범하고 지적인 것만으로 지어진 건축은 종교적 경건함을 넘어 천상과 지상으로 상호 침투하는 박명의 빛이 되어 지상 위에 떠 있는 듯 존재를 초월한다.

△

정전의 정면과 측면
거친 박석의 조합으로 얻은 넓은 월대는 아무것도
없음으로 공간을 넘어서고 본질적 형식으로 존재를
초월한다.

베르사유 궁전

태양신 아폴론의 호수
호수 속 태양이 물 위로 솟아올라 궁전을 비추면
절대주의 의식을 거행하는 거대한 무대의 궁전이
펼쳐진다.

궁전과 정원
단일한 반복적 체계로 변형하여 연장시키는 방식은
연속으로 채워지는 커다란 아치형 창과 정원으로
연결되어 근대적이면서도 기하학적인 이상적
구조를 취한다.

인간의 욕망이 신적 권력을 향했던 17세기 프랑스 베르사유^{Versailles}에 불멸의
창조물이 만들어진다. 절대 군주 루이 14세^{Louis XIV}는 신성이 국왕의 인격과 결합한
'왕권신수설'을 바탕으로 한 절대왕정을 출범시킨다. "이기적인 인간이 서로
간의 대립을 피하기 위해 자신의 권리 중 일부를 국가에 양도하고, 국민은 이에
철저히 복종해야 한다"는 홉스^{Hobbes}의 윤리학은 전쟁과 혼돈으로부터 질서를 가져올
수 있다는 명분을 바탕으로 시민의 열렬한 믿음을 끌어냈다.

강력한 왕권 집중 체제는 정치적으로는 권력이 과도하게 집중되기도
했지만 국왕에 의해 창설된 왕립 예술 아카데미에서는 근대성의 가치를
고양시키기 위한 논의가 정열적으로 계속되었고, 데카르트가 말한 이성의
형식은 시대 의식으로 자리 잡으며 많은 예술가들의 영혼 속에 가장 깊은
흔적을 남긴다. 신이 주체가 아니라 인간 사유가 주체인 시대로 향하는 것과
괘를 같이하여 신의 은총보다는 지식의 힘으로 인간답게 사는 지적 인간의
시대가 도래한다. 지성의 명료함과 투명함은 거의 모든 분야에 상상 이상으로
직접적인 영향을 끼쳤으며 건축에서도 새로운 걸작의 탄생을 예고하고 있었다.

욕망과
이성의 시대

군주의 영광을 대변하는 구조로 지어진 베르사유 궁전은 모든 영역에서
절대적이고, 유럽에서 가장 화려해야 했다. 1661년, 17세기 최고의 건축가
루이 르 보^{Louis Le Vau}의 계획 아래 실내 설계는 샤를 르 브룅^{Charles Le Brun}, 그리고 정원 설계는
앙드레 드 노트르^{Andre de Notre}가 맡는다. 파리가 아직 통치 중심지로 자리하지 못하고 있을
때 베르사유에 있던 루이 13세의 수렵용 별장이 궁전으로 개축된다.
르 보가 죽자 1678년 쥘 아르두앵 망사르^{Jules Hardouin Mansart}는 궁전 전체를 남북으로 확장하였고,

왕의 예배당
루이 14세의 승전의 업적과 신화에 등장하는 여러
신들과 영웅들의 이야기로 가득한 베르사유의
궁전과는 달리 고딕에서 진보한 형태로 공간은
배가되고 견고함은 소거된다.

거울의 방

천장에 매달린 샹들리에의 빛은 실제와 거울에 비친 가상의 빛을 빚어내며 비어 있는 빛의 공간으로 화려함을 이룬다.

왕의 침실

궁전의 중심이자 왕권의 자리인 침실로 태양이 비치면 왕의 광채가 발현하는 중심에서 통치가 시작된다.

1682년 궁전은 완성된다. 절대 통치의 효율적 방법을 간파했던 루이 14세는
귀족들과 행정부를 베르사유로 집결시킨다. 1만 5,000여 명의 왕족과 귀족들,
정무 대신들을 이곳으로 이주한 후 비로소 왕의 태양은 더 이상 봉건 군주가
아닌 시민사회를 지원하는 절대 궁전 베르사유에서 빛나기 시작한다.

태양왕의 예법과
건축적 구성

궁전의 중심이자 핵심은 왕의 침실이었다. 신이 명한 왕권의 자리인 침실은
궁전의 이상적 중심점에 위치하면서도 기하학적 구조를 취하고 있다. 이곳을
중심으로 사방으로 뻗치는 태양은 마치 '모든 것이 궁전 것 안에 있다'는 듯 그
빛을 세계로 펼친다. 동쪽으로 생클루, 파리 등 도시의 이름이 붙여진 세 개의
가로수길이 뻗어나가고, 서쪽으로는 아폴론 호수와 궁전의 중심축을 이어받아
지속되는 대운하가 드넓은 정원을 거쳐 직선의 무한처럼 뻗어 있다.

　　동서로 태양의 축을 이루는 이 무한의 수평선 너머로 사두마차를 탄
태양신 아폴론이 호수 속 태양처럼 물 위로 솟아올라 왕의 침실을 비추면,
궁전은 왕의 기상에 맞추어 절대주의 의식을 거행하는 거대한 무대로 변한다.
왕권은 그를 보좌하는 예법들을 만들어내며 위대함에 수반되는 수많은
에티켓으로 왕을 신적인 자리로 끌어올리고, 이 규범들을 통해 귀족들의
참여와 복종을 이끌어낸다. 서열에 따라 침실로 입장한 귀족들은 왕의 기상을
돕고 왕의 광채가 발현하는 중심점에서 행성처럼 주위를 맴돌며 왕을 보필한다.
왕은 모든 것이 미적으로 가득한 공간과 예술품들에 둘러싸여 하루 일과를
수행한다. 이러한 일과 속에 궁전 전체는 태양왕의 개인적인 원칙에 복종했다.

　　궁전의 모든 건물들은 전체 배치의 절정인 왕의 침대에서부터 나아가
건물의 구역들은 다른 구역들을 서로 지배하는 동시에 서로 확고하고 명쾌하게
연결된다. 'U'자 모양의 거대한 중앙 블록은 끝부분이 각각 직각 방향으로
연장되어 개방된 구조로 배치된다. 단일한 반복적 체계로 변형되어 연장시키는
방식은 커다란 아치형 창의 연속으로 채워진다.

루이 14세는 프랑스의 건축가 쥘 망사르에게 'U'자형 건물의 테라스를
대회랑인 '거울의 방'으로 개조하도록 위임한다. 통로 양쪽 끝에는 왕의 권한과
정치적 성과를 나타내는 '평화의 방'과 '전쟁의 방'이 자리한다. 이들 방들을
열일곱 개의 아치형 대형 거울이 맞은편 유리창과 대칭을 이루는 73미터의
회랑을 따라 일렬로 늘어선다. 이로써 궁전을 동서로 관통하는 태양의 축의
중심 통로에 궁전에서 가장 화려한 공간이 만들어진다. 유리창을 통해 들어온
태양빛은 투명하고 환상적인 거울 내면의 화려한 빛으로 재탄생하여 '빛이
타오르는 수정 구름처럼' 살아나 천장에 매달린 샹들리에와 함께 가상과^{假象}
^{實像}실상의 빛을 빚어낸다. 궁전의 수많은 방들은 공간성보다는 화려한 장식에
치중하며, 비어 있는 빛의 공간으로 화려함의 극치를 이룬다.
　　　대칭을 벗어난 대칭의 거울 속 공간은 천상의 것으로 변모되고, 공간의
경계는 사라져 배후의 공간을 확보함으로 공간은 더욱 증가하고, 견고함은
소거된다. 이 공간성은 고딕 성당보다도 진보한 형태로 더욱 근대적이다.
외국사절의 접견이나 왕세자의 결혼식 같은 매우 특별한 경우에 사용되어
더욱 빛났던 거울의 방의 천장은 루이 14세의 승전의 업적과 신화에 등장하는
여러 신들을 참여시켰다. 비현실적이고도 고결한 그리스 신화 속의 신들과
함께함으로 왕의 권력을 신성화하였다.

화려함과 단순함의
기하학적 이상

베르사유 궁전의 전체적 구조와 그와 연결된 외부 운하의 간결함은
근대적이면서도 기하학적이며, 이상적 구조를 취한다. 반면 건물 내부는
바로크적인 고대 신화의 알레고리를 사용, 영웅적 이상주의로 웅장하고 고결한
황제의 이상에 좀 더 직접적으로 부합하였다. 그림과 장식들은 이탈리아
영향을 받았으나 당시에 다른 국가들에 비해 절도 있고, 조화로운 프랑스적
방식이었다. '아폴론의 방'인 대접견실에 들어서면 왕은 올림포스 산의 여러
신들의 보좌를 받고 있다. '비너스의 방'과 '다이아나의 방'이 그 옆을 따르고,

'마르스의 방'과 '머큐리의 방' 등과 함께 '아폴론의 방'을 중심으로 공전의 배치를 취하고 있다. 천장에는 '거울의 방'과 마찬가지로 그들의 위대함을 기억나게 하는 고대의 알렉산더와 이집트왕 프톨레미 2세, 그리고 로마 황제^{Ptolemy II} 아우구스투스가 루이 14세와 함께 위용을 떨치는 모습이 그려져 있다.

그림으로 채워진 방의 모든 물건들은 금으로 상감세공되고, 화려한 조각으로 치장되어 있다. 여인들이 열정을 쏟아부었던 청동 도금과 칠기로 장식된 정교한 가구들이 놓인 흰 벽장식에 금 도금의 아라베스크 문양으로 장식된 방, 진홍색과 파란색 벨벳으로 옷을 입은 방, 흰 바탕에 꽃다발과 공작새 깃털 문양을 수놓은 투르산 견직물과 구름같은 비단천으로 짜여진 꽃의 방, 진주를 주제로 구성한 연한 무지개 빛깔의 실크로 장식된 꽃무늬들이 방을 이룬다. 마치 아기 천사와 뮤즈들이 연주하는 황금빛 리라의 선율처럼 감미롭고 호사스러움의 환희로 빛난다.

출산 뒤 화려한 방에서 단순함과 충분한 휴식이 필요했던 왕비 마리 앙투와네트는 루이 16세에게 여름 별장인 프티 트리아농을 선물받는다. 화려한 로코코 형식이 한때를 풍미한 뒤 화려함보다는 고대인들의 표준에 보다 근접한 단순함을 추구했던 루이 14세 시대의 양식을 재현한 프티 트리아농은 고전주의적인 엄밀성과 고대 아테네 양식을 성공적으로 구현한 걸작으로 평가받는다. 정면에 긴 아케이드가 드리워지고, 낭만적인 작은 정원이 딸린 장밋빛 석회암의 작은 정육면체 저택은 앙투아네트 자신이 '쾌적한 집'이라 부를 만큼 사랑했던 건물이다. 사치스러움에 관한 한 남에게 뒤지지 않던 왕의 숙모들이 시골 휴양지를 만들어 화려함에서 잠시 벗어난 즐거움을 누리자 왕비 또한 궁전의 한 구석에 열두 채의 모델 촌락을 지어 소박한 자연의 부드러운 숨결을 느꼈다. 흙벽의 시골집에서는 라일락과 재스민향이 미풍에 흩날리고 여린 잎사귀마다 떨어지는 햇빛 속에는 나비가 날아다녔다. 잠시나마 가슴은 평온한 나이팅 게일처럼 안식을 취한다.

자연에서 추방된
영혼

프랑스 고전주의는 놀라울 만큼 명료하다. 데카르트의 사고는 갈릴레이가
'자연은 수학의 언어로 쓰여진 책'이라는 말로 자연 세계에서 영적인 요소를
거두어들인 이래로 모든 것을 지배했다. 시인 브왈로와 말레르브는 '그러므로
이성을 사랑하라 항상 그대의 작품이 오직 이성에서만 그 빛과 가치를
빌려오도록'이라 외치며 사상의 완전한 이해를 방해하는 모든 것을 자기의
말에서 제거하고, 기하학과도 같은 명료하고 질서 있고 균형 잡힌 문장을
구사했다. 완성되고 완벽한 형식은 오히려 그 확고함으로 인해 작품에 생명감을
넘치게 한다. 빛나는 완전성은 찬탄할 만큼 생기 있고 명쾌하며 유창하다.
파스칼의 문체가 '불타오르는 기하학'이라 불렸던 것은 그 논리의 완전성을
반증하는 말이기도 했다.

베르사유 궁전은 1,400개의 분수와 태양신 아폴로의 조각상들이
즐비한 궁전의 정원이 중심축을 가르는 운하와 함께 기하학적으로 정리되어
있다. 수학적 원근법과 건축의 원리를 자신의 모든 설계에 응용했던 프랑스의
조경예술가 안드레 르 노트르는 방대한 궁전 정원을 복잡하면서도 단순하게
건축적으로 구획하였다. 정원을 바라보는 루이 14세의 눈은 더 이상 화려한
양감의 영광을 쫓지 않았다. 이 세계를 정돈된 전체로 세계를 하나의
형식으로 바라보게 하는 형식과 미 사이의 동질성을 견고한 이성의 수학적
아름다움으로 음미하였다. 인간적이지도 신적이지도 않고, 그렇다고 자연도
아닌 신비한 꿈도 영혼도 없는 어떤 도상 그 자체로 존재하는 기하학적 정원의
이 질서는 오히려 그렇기에 절대 신성을 띤다.

자연이 만든 것도 인간이 만든 것도 아닌 기하학처럼 나무를 깎아
다듬은 정원 안에 마치 땅속의 하늘처럼 선명하고도 간결하게 아무런 장식도
잉여분도 없이 지평으로 사라지는 대운하가 흐른다. 거대하나 한정되고
제한된 영역에서 명료한 선을 따라 흐르는 운하는 베르사유 궁전 어느 곳보다
평화로운 경광을 보여준다. 사각의 틀에 담겨 있음에도 어떤 제한도 받지
않으며 평온하게 영원한 창공과 맞닿아 흐른다.

정원의 대운하
자연이 만드는 것도 인간이 만든 것도 아닌
선명하고도 간결한 지평으로 사라지는 대운하는
영원한 창공과 맞닿아 흐른다.

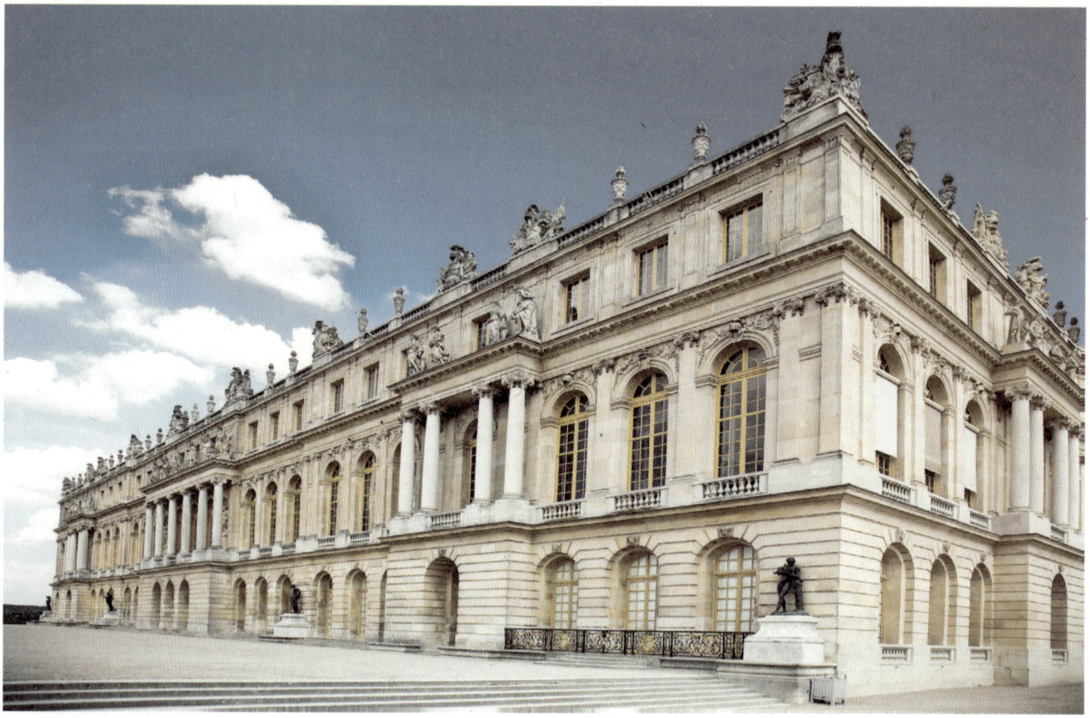

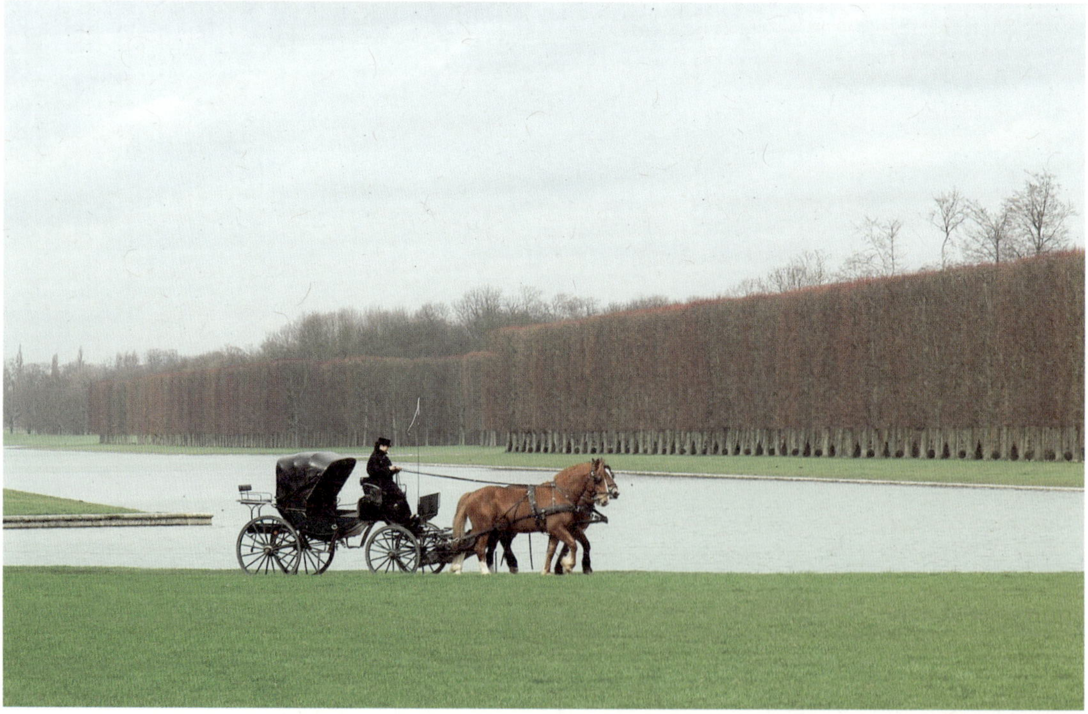

훌륭한 대상은 자신의 현실을 넘어서 존재하는 것처럼 운하는 외양의 명백함을 가지나 그 명백함으로 오히려 존재감을 사라지게 한다. 변하지 않고 조용히 존재하는 위엄과 자부심을 뛰어넘는 듯 담대한 외관의 궁전 건축은 운하의 위쪽에서 온갖 세계의 풍요로움을 내부로 담고, 밖으로는 무심한 듯 하늘을 배경으로 긴 수평선처럼 늘어 서 있다. 받아들이지도 밀쳐내지도 않지만 머물게 하지도 않는 건축과 운하의 광경에는 무명(無明)과도 같은 빛이 고여 있다. 이곳에는 인간에게는 없는 평화가 담겨져 빛난다. 영혼이 없는 평화는 기하학적 진리 속에 숨어 초현실적인 빛을 발하며 절대적인 평상심이 된다. 이제 인간은 세계를 인식하지 않고 창조하기 시작한다.

곤돌라와 호화스러운 배들이 귀족들의 즐거움을 위해 운하 위로 떠다녔고, 불꽃놀이와 금빛으로 타오르는 횃불 아래 베르사유에서는 밤새도록 축제와 무도회가 열렸다. 루이는 열다섯 살 때 파리의 부르봉 궁전(Palais Bourbon)에서 열린 밤의 발레 공연에서 태양신 아폴론 역을 맡았고, 그가 성장해 지은 베르사유에서는 일주일에 세 번의 연극이 공연됐다. 이 무대에서 루이 14세의 총애를 받던 피에르 코르네이유(Pierre corneille)는 '사랑은 선의 인식'이라는 근대적인 대사를 외쳤고, 매주 토요일 밤에 열린 무도회를 마친 새벽녘 마차가 정원의 가로수길을 달렸다.

새들을 깨우는 태양이 운하 위로 다시 솟아오르면 호수 속 아폴론은 힘차게 그의 네 마리 말의 고삐를 잡아끌며 물 위를 달린다. 왕의 힘찬 영혼은 태양처럼 상승한다.

△

긴 수평의 외관
궁전 생활의 풍요로움을 내부로 담고 밖으로는 무심한 듯 하늘을 배경으로 긴 수평선처럼 늘어서 있다.

새벽녘의 정원
받아들이지도 밀쳐내지도 않지만 운하와 정원의 모습에는 무명과도 같은 빛이 고여 있고, 인간에게는 없는 평화가 담겨 빛난다.

영국
국회의사당

국회의사당 전경
1834년 런던 대화재로 신축된 국회의사당은 런던의
재탄생과 부활의 전주곡으로 더욱 찬란한 재생의
계기를 만든다.

템즈강과 국회의사당
물속에 비친 수평의 긴 건축은 옆으로 퍼지는 듯
하늘로 향하며 과거로 돌아간 듯 첨단 고딕의
고풍스런 혼을 불러들여 생명력을 가진 듯 부활한다.

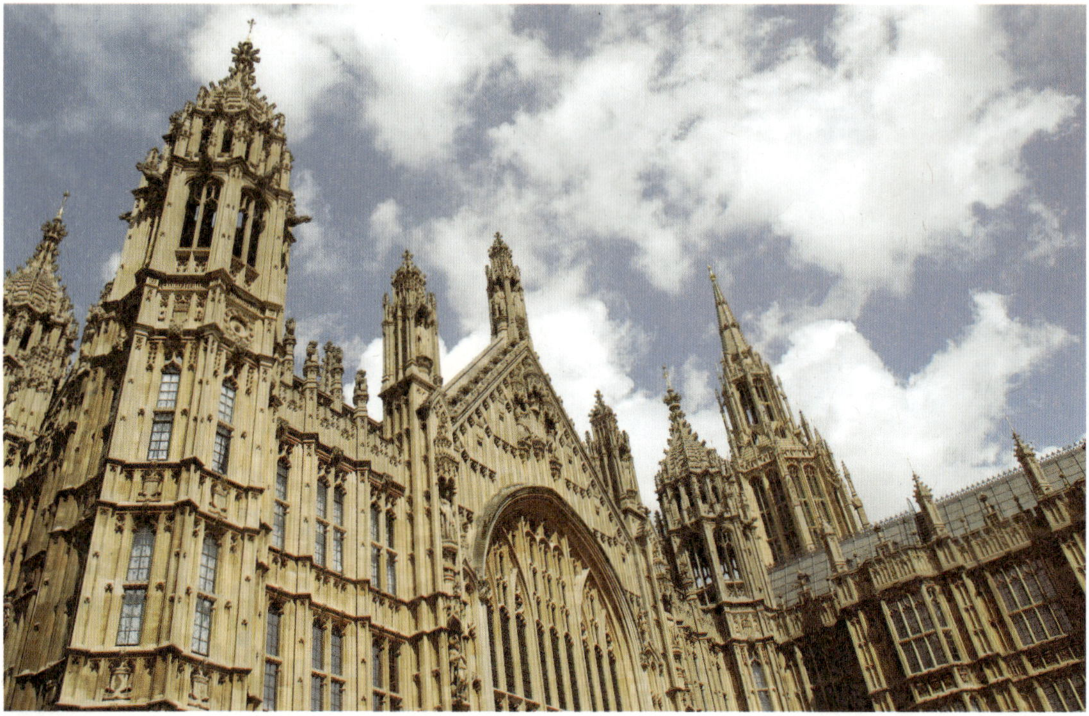

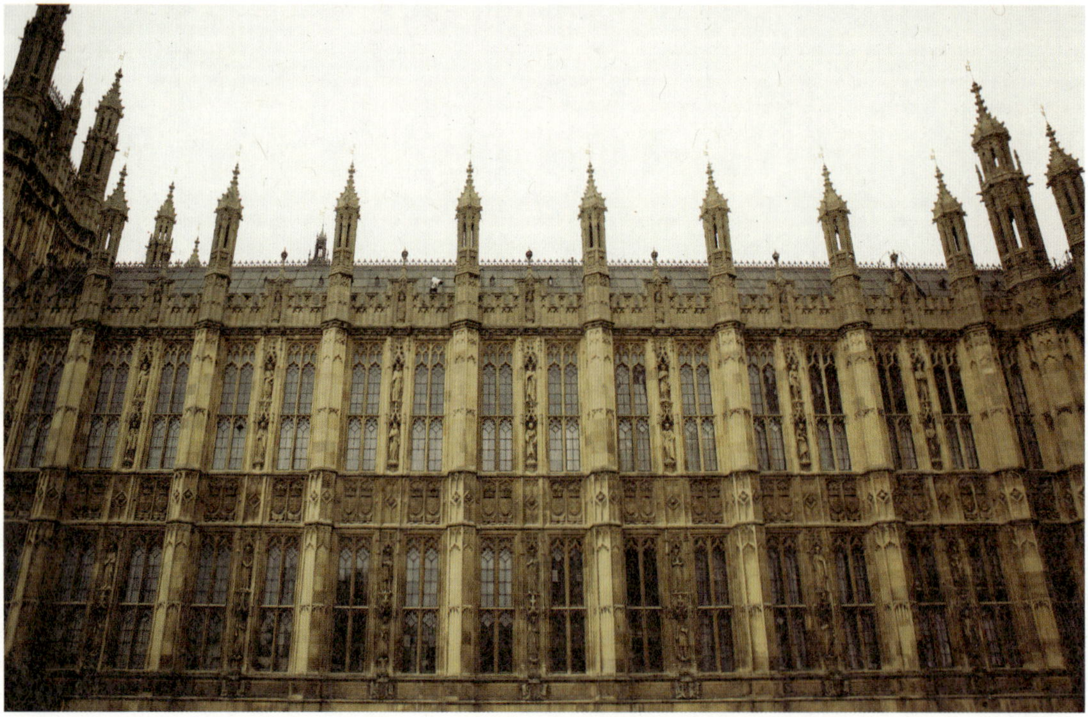

"때는 봄, 날은 아침, 아침 7시, 언덕은 진주처럼 이슬 맺히고, 종달새는 날고, 달팽이는 장미가지 위를 기고, 신은 하늘에 계시니 세상은 모두 태평하여라."

19세기 영국 빅토리아조, 태양이 만국에 찬연했던 제국의 번영 속에서 시인 브라우닝(Browning)에 의해 시대의 주제가가 울려 퍼진다. 천 년 전 런던시의 중심이었던 템즈 강변에 '참회왕' 에드워드(Edward)가 궁전을 안착하고 1500년대 초반 헨리 8세(Henry VIII)까지 궁으로 사용되었던 웨스트민스터 궁전(Palace of Westminster)에 화재가 일어난다. 웨스트민스터 홀만을 중세의 일부분으로 남겨놓은 1834년의 런던 대화재는 재탄생이자 부활의 전주곡이었다. 화재는 죽음에서 때론 더욱 찬란한 재생으로 이루어지는 계기를 만든다. 정부의 방침은 과거의 영광을 이 시대에 영속시키는 것이었다. 그들 과거의 덕인 제임스 1세(James I)나 엘리자베스 시대의 유산을 상징적으로 표현할 만한 신고딕 양식을 건축의 주요 콘셉트로 결정한다.

개축의 설계 공모에서 고전적이면서도 동시에 현대적 기술의 첨단을 사용하는 데 능했던 건축가 찰스 배리(Charles Barry)가 선정된다. 더불어 당시 최고의 고딕 권위자인 오거스터스 퓨진(Augustus Pugin)의 전통 기술이 당시 첨단 지식과 함께 건축에 적용되어 대영 제국 의회정치의 본산이자 민주주의 전통을 상징하는 현대적 입법기관이 탄생하게 된다. 1847년 상원이 열리고 1852년엔 하원이 열리며, 1860년은 의회 개관과 함께 빅토리아조의 번영이 절정을 이룬다.

국회의사당 외관 상세
전체는 개별 속으로 계속 분열해나가고 개체는 전체로 끝없이 이어지는 건물의 외관으로 화려한 듯 조용하며 정지한 듯 빛나고 상승하여 영광의 자리에 위치한다.

실리적 개혁과
고전의 산물

영국은 최전성기의 상징물인 국회의사당을 건립함으로 자신들의 힘을 세계에
과시할 준비가 되어 있었다. 이즈음 영국에서 일어난 산업혁명은 19세기의
비약적인 산업자본주의의 발전으로 절정에 달하였다. 런던은 로마에 이어 인구
100만 명에 달한 최초의 근세 도시가 되었지만 자본주의 초기의 과잉 노동으로
피로해진 영혼들의 악취 나는 빈민가에서는 비가가 흘러나왔다.

하지만 보다 풍요로운 삶을 위해 새로운 탄생을 열망했던 영국인
대다수의 신념을 멈추게 할 수는 없었다. 풍요와 빈곤의 혼합은 언제나 있어
왔던 일로 오히려 산업혁명이 가져온 경제 사회상의 문제들은 광범한 개선을
향해 나아가고 있었다. 중산층의 새 시대에 대한 열망은 힘찬 엔진의 추동이
되어 '해가지지 않는 나라'의 심장 소리를 울렸다.

신앙의 자유를 찾아 신대륙으로 이주할 만큼 자유를 존중했던
영국인들의 민주주의에 대한 열망은 프랑스와 같은 혁명이 아닌 선거법 개정
등을 통해 점진적이고 논리적으로 이루어진다. 마치 존 밀턴의 『실낙원』에서
낙원으로부터 추방된 사탄이 신의 지배적 강권에 항변하는 기백으로 "토마스
패인은 군주제와 귀족정치를 시대에 뒤졌다"고 외쳤다.

왕이 아닌 의회가 실제적인 정치권력을 장악하는 입헌군주제로
변모한 후 궁은 다른 곳으로 옮겨가고 이곳은 의회만의 소재지가 되어 국가
융성의 중심을 이룬다. 보수적인 토리당은 여전히 정치적으로 부동의 우위를
차지했지만 왕당파 고전주의자들과 자유주의자들은 함께 개혁을 이루어
내었다. 프랑스 작가 샤를르 모라스는 프랑스 혁명에서 유래한 관념들인
'민주주의' '진보적 신교' '낭만주의'가 왕권과 가톨릭 정신과 고전적 정신을
타락시켰다고 말했다. 하지만 영국은 서로 반대에 서 있는 계급들 간의 실리적
타협을 통해 개혁을 성취하였다. 개인주의와 혁명의 억제가 촉구되고 왕정은
고고히 유지되었다.

의회의 중심 세력이 된 자본가 중산계급은 자신들의 이익을 직접 대변할
만한 능률적인 정부의 직접적 구성원이었다. 자유주의라는 시대의 조류를 따라

아담 스미스의 자유방임주의 이론이 실행에 들어가고 언론이 보급된다. 벤담의 'Adam Smith' 'Bentham' '최대다수의 최대행복' 원리를 도덕의 기초로 삼는 공리주의와 실리주의가 1845년 당시로선 급진적 민주주의 이론의 완성에 기여한다. 그 당시 사상가와 철학적 정신을 가졌던 사람들의 철학적 주제는 실제적 개혁으로 이끄는 정치적 테크닉들과 도덕적 판단의 궁극적 기준을 인도하는 것이었다. 고상한 전통이 배양되고, 행복이 증진되는 시대의 정신은 천상을 향하여 일관된 방향성을 가지며 높이 더 높이 올라갔다. 따라서 일반적 고딕이 아닌 보다 넓은 대지에 발을 디딘, 강을 따라 양옆으로 300미터에 달해 펼쳐지며 확장된 세상의 땅으로부터 솟아올라간 고딕 국회의사당이 더욱 적합하였다.

　마치 이 시대 최대의 공리적 효과를 거두는 듯 시간과 공간의 삶은 대지부터 생산하며 유유히 흐르는 역사의 강의 흐름에 합류한다. 강물에 비친 제국의 태양이 섬세하고도 온화하게 빛의 음영을 고딕의 수평 벽을 따라 비춘다. 이 강건한 고상함의 건물 안에서 개혁의 입법안들이 통과되었다. 1832년 이후 실행되던 빈민들을 위한 노동법 등 새로운 법안 가결이 의회의 업적으로 남고, 산업 부르주아를 경멸하는 왕당파 귀족들과 자유주의자들이 사회의 평등화를 위한 개혁을 함께 이루어내며 성숙해갔다. 이는 그들의 타협 이면에 실리와 전통을 사랑한다는 심적 동의가 따르기에 가능하였다. 이들의 품위는 전통적인 맥락을 중요시 여기면서도 새로운 것에 열려 있는 것에서 나왔다. 어느 한쪽의 극단으로 치우치는 것은 영국인들의 취향이 아니었다.

현실적이며 실제적인
세계관

영국을 움직인 모든 지적 영향 중 가장 강력한 것은 생물학의 발달과 종교적 영혼들에게 애통함을 안긴 찰스 다윈의 진화론이었다. 실로 1850년대는 'Charles Darwin' 진화론의 시대였다. 절대자에게 심취했던 유럽의 정신은 과학에 의해 신과 우주에 대한 신비함과 비밀을 파괴당하고, 철학의 굳건한 위치였던 형이상학은 지나간 시대의 언변으로 치부되는 세상이 도래했다. 이러한 시대정신은 대륙을 건너 회의주의의 프랑스와는 달리 영국인에게는 잘 맞는 옷과 같이 친숙하게 다가왔다. 19세기 영국의 철학자들은 과학자들에게 경의를 표했으며 그들의 업적과 교훈을 겸허하고도 경이롭게 받아들였다. 철학과 행동은 손을 맞잡아 영국의 철학자 베이컨^{Bacon} 역시 사회적 복리를 증진하려는 진보의 테크닉으로서 과학적 방법을 제시한다.

영국의 사상은 사고를 사물의 방향으로 돌리며 세계의 본성에 관한 물음까지도 과학자들에게 기대하며 의무를 지우는 경향이 만연했다. 물리화학적 장비를 '철학의 도구'라고 부르며 존중하는 영국인의 습관을 비웃었던 독일의 철학자 헤겔^{Hegal}은 철학을 실증적인 모든 과학적 성과의 총괄로 정의하는 영국인들이 이룩한 산업혁명을 과소평가했다. 그러나 과학의 성과와 발전에 힘입어 소박하게 탄생한 듯이 보였던 산업혁명은 향후 과학의 비약적 발전을 이끈다. 많은 청년학도들도 산업과 상업의 세계에서 그 정신을 받아들이고, 그 정신을 다시 물질의 방향으로 돌린다.

국회의사당 북쪽 끝에 위치한 육중한 크기의 사면체 시계 빅벤^{Big Ben} 역시 당시 최첨단 과학의 성과였다. 내부의 거대한 기계들은 비바람 등의 외부 환경적 요인에도 불구하고 시계 바늘은 1년에 0.01초의 오차도 나지 않는 정확한 정밀성을 가졌다. 이것은 당시로서는 달나라에 가는 것만큼이나 어렵고도 기적에 가까운 기술이었다고 한다. 영국은 이 실리적 과학의 상징이었던 빅벤을 런던 중심부에 두었고, 15분마다 들리는 거대한 종소리는 시간뿐 아니라 자국의 기술력을 세계에 과시하는 소리로 울려 퍼지게 하였다. 국회의사당 역시 이러한 과학의 성과에 힘입은 바 크다. 훌륭한 고딕 평면은 채광과 환기, 난방과 조명 등의 여러 문제를 안고 있었으나 당시 건물에 일반적으로 도입되지 않았던 현대적 기계 시설들로 이를 해결함으로 양원제 정치제도를 실행하기에 적합한 환경이 마련된다.

국회의사당 외관
상승하는 다양한 첨탑들은 신과 군주, 평민 모두
하나가 되어 부르는 것 같은 자유주의 승리의
노래이다.

의사당 내부 홀
이곳을 스쳐간 영광스런 자들의 역사적 계승 아래
다색창들의 빛이 스며들고, 전통과 자유의 균형의
가치를 가진다.

전통과 진보가 통합된
고딕

고딕 양식의 채택은 유일하게 화재에서 살아남았던 웨스트민스터 궁전과
절묘한 조화를 이루며 결과적으로 국회의사당으로의 개축에 최선의 선택이
되었다. 찰스 베리의 중앙에 팔각형 홀을 가진 정형의 대칭형 고전적 평면 위로
퓨진의 세부적인 내부 설계와 장식은 '고딕적 환상'으로 녹아내렸다.
다색 창들로 빛이 스며들고, 과거로 돌아간 빅토리아 장인들은 고딕의 고풍스런
혼을 불러들여 국회의사당은 다시금 생명력을 가진 듯 부활한다.

　　군주와 상원과 하원의 양원제를 반영하는 영국 정치제도는 설계자의
훌륭한 대칭형 평면 설계로 사용자의 신분을 최대한 고려하며 효율적이면서도
상징적으로 설계되었다. 건물 남쪽에 자리한 상원실과 북쪽의 하원실은
각각 옆으로 왕실과 하원의장실을 두며 균형 있는 두 축을 이룬다. 왕실 옆에
자리한 전통과 권위의 상징인 102미터의 빅토리아 탑이 북쪽 끝 하원의장실
옆의 95미터의 첨단의 빅벤과 함께 양끝에 서서 각각의 상징을 대조적으로
시각화하고 있다. 강변에서 보는 외관은 양쪽이 절대적 대칭을 이루는 대칭의
구조이지만 개별적이며 독립적인 모양의 탑들로 구성된 후면 구조를 통해
비대칭의 파격을 함께 가진다. 양옆으로 퍼지고 낮게 흐르면서 솟아오르는
고딕적 디테일과 첨탑들은 형태의 다양함을 창출할 뿐 아니라 사각형 중정으로
개별적 궁들로 이어진다. 상·하원실의 공간 등 각 방들을 묶어주는 모든
방들이 하나로 연결되어 마주보고 통합되는 구조를 취한다.

　　건물의 중추에 해당하는 중앙 홀에는 팔각의 고딕 첨탑이 이 모두를
아우르며 하늘로 솟아오른다. '전통과 현대' '기술과 공예' '수평과 수직' '대칭과
비대칭' 등 모든 대립적 관계 항 들은 오히려 동시적 균형과 조화를 이루며
합리적이면서 유머러스하고, 지배적이면서도 관대한 영국적 중용의 장으로
펼쳐진다. 이곳에서 "신이여 여왕을 보호 하소서"로 시작되는 국가의 합창
소리는 신과 군주, 귀족과 평민들 모두가 하나가 되어 부르는 자유주의의
승리의 노래로 이들을 영광스러운 하나로 묶어준다.

국회의사당 전경
전통의 빅토리아 탑과 첨단 빅벤이 양끝에 서서
절대적 대칭을 이루는 듯하고 수평으로 길게 늘어서듯
상승하며 개별적인 비대칭의 파격을 함께 가진다.

고딕의 횡단성은 흰 듯이 흐르는 템즈강의 유동성이 반영된 듯
정태적이지 않고, 증산하여 옆으로 퍼지는 듯한 산종의 배치 방식으로
하늘만을 향하지 않는 세속적이며 실리적인 사실주의자의 모습을 보는 것
같다. 고전적 분위기를 "환상도 없고 백일몽도 없고 희망도 없고 비통함도
없다"고 말하며 철저한 리얼리스트의 정신으로 보았던 엘리엇의 설명만큼이나
국회의사당은 영국적 사유의 선을 따라 솟아오르기도 하고, 양옆으로
확장한다. 물속에 비친 모습은 아래로도 향하는 비실제적이면서 실제적인
사중의 확장을 이룬다. 이제 무한대로 주어지기 시작한 인간의 자유는 균형을
이루며 만방으로 퍼져나간다.

의회가 열리면 군주는 왕관을 쓰고 상원실에서 개회식을 알린다.
왕이 앉는 옥좌 뒤에서 고딕 정면 모양의 금빛 배광이 왕을 영광의 자리에
위치시킨다. 홀 양옆으로 도열한 계단식 붉은 의자들에서 빨간 망토를 걸친
상원의원들이 화려하게 내부를 치장하는 고딕 창에서 뿌려지는 빛 속에서
전통의 숭배자로 앉아 있다. 의회민주주의를 상징한 영광의 건물이 왕좌를
품고 런던의 잿빛 하늘 아래서 빛나고 있다. 세계인의 경탄을 자아냈던 시계탑
빅벤이 웨스트민스터 다리 너머 자신을 향해 흐르는 인파를 향해 자신을
발명해낸 시대의 징표로 당당히 서 있다. 시곗바늘은 새 시대를 가리키고 있다.

△

빅벤의 첨탑
실리적 과학의 상징인 빅벤의 종소리는 자신의
기술력을 세계에 과시하며 울려 퍼졌다.

세계 위대한 건축의
명장면 24선

01 피라미드

삶과 죽음의 경계선상에서 천상을 향한 빛의
벽은 환영 그 너머의 형태로 형태를 초월한다.
삼각형의 단순하고 거대한 형태는 하늘로 향한
신전의 탑이자 빛 그 자체이다. 피라미드는
기하학적 완전함의 정점에서 눈부신 태양의
황금빛을 뿜어낸다.

02 핫셉수트 장제전

건축은 숭엄한 산의 암벽을 배후로 장대하게
두르고 시야의 모든 자연을 건축으로 흡수한다.
긴 수평의 건물과 수직의 열주는 자연과 완전한
조화를 이루며 어둠을 걷어내고, 스핑크스가
늘어선 부활과 사원의 길로 인도한다.

03 파르테논 신전

단순하면서도 엄격하나 밝고 온화한 모습은
규범적이지만 깊은 정신성을 가진 신적 비례의
선으로 표현된다. 고요함을 내포한 완전한
하나로 발현된 고대 우주적 질서의 형태는
아테네의 정점에서 선명하게 자신을 부각시킨다.

04 판테온

하나의 구로 절대적이면서도 신성한 공간이
하늘을 향한 통일된 전체처럼 느껴진다. 밝고
어두운 빛의 대비로 얻은 원형의 공간은
이데아의 빛이 반사된 자취요, 이데아로
나아가는 길이 된다.

05 콜로세움

단순한 타원의 원형적 질서는 우주와도
같은 자체의 내적인 동력에 힘입어 자신의
생을 묵묵히 견디며 거대함을 증가시킨다.
콜로세움은 파괴된 육신을 통해 신성함마저
획득하여 불멸의 영혼을 소요한 생명체로
자리한 듯하다.

06 성 소피아 대성당

거대한 하나의 돔과 여러 개의 작은 복합 돔으로
구성된 구조는 원의 고정적 구조를 다양한
형태로 느끼게 한다. 동시에 끊임없는 운동감을
창출하는 초차원의 구조화된 무를 구축하고,
심오한 영적 느낌을 자아내는 신의 공간이 된다.

07 바위의 돔

천상의 황금빛으로 떠 있는 바위의 돔은 정신적
질서인 기하학적 형식의 건물로 하늘과 같은
푸른색의 모자이크로 존재한다. 인간은 광대한
하늘의 공간에 하늘처럼 반투명한 신전을
세우고, 완전한 신은 빛으로 거한다.

08 알람브라 궁전

천상의 미는 초월적 빛의 공간처럼 신비함을
낳는다. 화려한 고요 속에 열두 마리의 사자가
원형으로 둘러서서 은은한 소리로 흘러내리는
물줄기의 끊임없는 리듬은 가는 열주의
기둥들로 만들어진 주랑에 안개 같은 이미지로
스며든다.

09 만리장성

장성은 형세가 험요한 고산의 계곡과 가파른
구름을 따라 무한히 끝으로 사라지며 굽이굽이
이어진다. 지상의 위 하늘의 아래에 희미하나
강력한 선으로 지상에서 가장 거대한 공간을
자신의 것으로 만들어 단순한 힘이 주는 극단적
미를 발산한다.

10 이쓰쿠시마 신사

신사는 바다 한가운데서 바다와 섬의 자연과
관계를 맺고 확대시켜 섬 전체를 신사로 만들며
바다의 열린 장으로 불러들인다. 자연과 인공의
이중적 형식으로 미지의 힘을 드러내며 자연의
영속적인 본질을 가진다.

11 천단

하늘밖에 보이지 않는 배경으로 우주의
전체성과 시공간의 윤곽으로만 짜여진 듯한
원형 건물은 계속되는 회전의 움직임만을
만들어낸다. 자연과의 조화도 필요 없는
푸르고 하얀 우주적 공간으로 지상에서 천상을
병치한다.

12 앙코르와트

중심, 본질을 소유하는 완전한 세계를 의미하는
만다라의 건축은 모든 것이 조화와 균형으로
하나가 되는 상징이다. 중앙을 중심으로 모여
있으나 서로가 조화롭게 배열되어 전체성과
개별성을 동시에 가지며 사라지는 모자람이
없는 진실이 된다.

13 몽생미셸 수도원

수도원은 한없이 잔잔한 갯벌의 바다 위에
속세와 동떨어진 신비하고 아름답고 순결한
건축처럼 떠 있다. 하늘과 바다 사이에서 천국의
그림자와 같은 실루엣으로 부유하듯 존재하고
신성함으로 감싼다.

14 산마르코 대성당

빛과 색채만으로 혼연된 듯한 모호하고도
풍요로운 빛의 공간 속에 정적은 유폐된다.
인간과 천사를 가로지르는 황금빛 광선이
성 마르코의 어깨에 내려앉아 둥근 무각의
공간들과 현란하게 섞이며 공간을 상실한다.

15 노트르담 대성당

신적 세계로 발현되는 예술적 총체인 성당은
존재의 근원인 저 높은 곳을 향하는 완전함의
현시에 충실해야 했다. 내부는 어두우면서
태양처럼 환한 통일성을 이루며 인간은 하느님과
우주의 세계에 참여한다.

16 자금성

지상과 하늘의 중심에 위치하며 그 너머로는
하늘의 주변밖에 보이지 않는다. 거대하게
하늘로 솟아오르는 듯한 건축과 끝없는 천계가
지상으로 내려온 듯한 광장은 만물을 포용하는
크기를 이룬 듯 하늘을 뒤흔든다.

17 뵤도인

좌우대칭으로 정립되나 비어 있고, 위아래로
가지는 실제와 그림자는 사방좌우로 흩어지고
증발한다. 유와 무가 함께 발현되는 현상의
건축은 그 자체로 해체적이고 그 자체로
완성적이 된다.

18 경복궁 경회루

마흔여덟 개의 점과 허공만으로 지은 단일한
평면의 전체는 압축되어 있고, 확장해나가
텅 빈 우주가 된다. 통공간으로 무한 차원의
전체적 영역에 직면하게 하고 주변을 건축
속으로 끌어들여 어디에도 속하지 않는다.

19 타지마할

찬란한 위용과 순결하면서도 완숙한 관대함으로
변모된 형식은 선율 같은 대칭적 구도 속에
바람을 타고 흐른다. 형식은 매혹적 언어처럼
달콤하고 시적이며, 타지마할을 대지의 표면으로
성스럽게 띄운다.

20 성 베드로 대성당

중심의 힘을 가지나 동시에 중심의 힘이
분산되는, 마치 신의 빛이 유출되는 듯한 개방된
구조이다. 미는 중심을 향한 균형의 비례가
아니라 역설의 긴장과 해방을 동시에 가지며
수학적 규칙 너머로 존재한다.

21 쾰른 대성당

건축의 백미는 632년의 지어진 세월만큼이나
압도적 크기로 하늘로 치솟은 두 개의 타워이다.
무한으로 사라지는 타워는 그 끝이 어디쯤인지
알 수 없을 듯한 경험을 제공하며 표현에 대한
강한 열정과 욕구를 느끼게 하면서도 이 모두를
포기하게 한다.

22 종묘 정전

텅 빈 사각의 월대와 일획의 직선 같은 그림자의
형식 없는 형식으로 스스로의 한계에 갇혀 있지
않고, 외부로 무한히 확장되어 미적 자율성을
가진다. 돌 같고 구름 같은 거대한 평대로
공간을 넘어서고 존재를 초월한다.

23 베르사유 궁전

1,400개의 분수와 태양신 아폴론의 조각상들이
즐비한 궁전의 건축은 수학적 원근법과 기하적
원리로 정리되었다. 화려한 양감의 영광을 좇지
않고, 세계를 하나의 형식으로 바라보게 하는
절대 신성의 수학적 미로 음미하였다.

24 영국 국회의사당

여러 탑들이 솟아오르고 수평으로 길게
확장하며 물에 비친 유동적 모습은 비실제적인
실제의 환상을 이룬다. 전통과 현대, 수평과
수직 등 모든 대립적 관계들은 동시적 균형을
이루며 지배하나 또한 관대하다.

유홍준 국립중앙박물관 관장

『명묵의 건축』을 통해 한국 전통 건축을 어떻게 바라보아야 할지를 설파한
김개천 교수가 이번에는 인류 문명사에 가장 위대한 건축물 스물네 곳을
선정하여 각 건축이 이룩한 미적 가치와 철학적·문화적 의미를 설명하고 있다.
저자는 이를 "미의 신화"라고 하였다.

저자가 『명묵의 건축』에서 말한 것은 우리 건축의 아름다움에 관한 것이었다.
그는 "외형상 작고 평범해 보이는 우리의 전통 건축은 우주만큼 넓고 깊게
체감되는 무한의 건축으로 완성하였고, 자연과의 조화가 아닌 자연의 경지를
이룬 건축적 인문 세계를 보태어 자연을 더욱 풍부하게 하였다"라고 하였다.
　　　서울의 종묘 정전을 말하면서 "종묘는 진입부·하월대·상월대의 수평적
세 영역과 지붕·월대·대지의 수직적 세 영역으로 나누어져 있다. 그러나
그렇게 나눈 세 영역으로 다양한 변화를 일으켜, 나누어도 다함이 없으며
동시에 전체적으로는 아무것도 나눈 바 없는 넓은 월대만으로 존재할
뿐이다"라고 했다. 그것은 김개천 교수가 '우리 전통 건축을 보는 눈'이었다.

김개천 교수는 『명묵의 건축』에서 자신의 시각을 세계사의 지평으로 넓혀
각 시대, 각 민족의 위대한 건축들이 각기 어떤 건축 미학을 갖고 있고,
그 시대의 이상을 어떻게 건축적으로 구현했는지를 말하고 있다.
　　　한 예로 그는 이집트 핫셉수트 여왕의 장제전을 말하면서 이는 "신과
인간의 중간자이자 산 자와 죽은 자를 다스리는 능력을 가진 왕이 되기 위해
이 모두를 가장 효율적으로 실현시킬 수 있는 장치"로써 신전이 만들어졌음을
먼저 상기시킨다. 그리고 산을 등지고 있는 장제전을 정면에서 바라볼 때는
단지 3층 건물로만 보이던 것이 신전으로 가까이 다가가면 유난히 넓게 확장된
3단의 테라스로 인하여 고대와 현대의 시공간을 한순간에 병치해놓고, 미래의
추억을 옮겨놓은 듯하며 희뿌연 모래 안개 속에 산의 높이를 건물과 하나로

만들며 완화시킨다는 것을 말해준다. 그것은 문자 그대로 '건축을 보는 눈'이다. 나는 이제껏 김개천 교수를 만난 적이 없다. 다만 김개천 교수가 건축가이자 디자이너로 대학교에서 학생들을 가르치고 있으며, 『명묵의 건축』의 저자이고 '만해마을' '담양 정토사' 등 전통 정신을 살린 현대 건축을 설계한 것으로 알고 있다. 그러니까 나는 독자로서 그를 만났을 뿐이다.

이제 그의 또 다른 저서인 이 책을 남보다 먼저 읽은 제1의 독자로서 그 소감을 말하자면, 김개천 교수가 보는 방식에 따라 이 책의 스물네 곳을 순례하면서 우리들의 건축을 보는 눈이 더 넓고, 깊어질 수 있을 것이라는 생각이 든다. 그것이 내가 이 책의 추천사를 쓴 이유이다.

△